"十二五"职业教育国家规划教材

经全国职业教育教材审定委员会审定

# 铣削加工技术

主　编　张晓琳
副主编　钟照青
参　编　田　治　关永信
主　审　张　迎

机械工业出版社

CHINA MACHINE PRESS

本书是经全国职业教育教材审定委员会审定的"十二五"职业教育国家规划教材，是根据教育部新颁布的《中等职业学校机械加工技术专业教学标准》，同时参考铣工国家职业资格标准编写的。

本书主要内容包括铣削的基本知识、面的铣削、阶台和沟槽的铣削、分度头与分度方法、孔的铣削和典型复杂零件的铣削。本书结合我国企业生产实际情况，采用任务引领的模式将理论与实操相结合，突出工艺要领和操作技能，内容选择以够用、实用为原则，旨在培养现代机械加工所需要的技能型人才。

本书可作为中等职业学校机械加工技术、机械制造技术、数控技术应用等专业教材，也可作为铣工岗位培训教材。

为便于教学，本书配套有助教课件等教学资源，选择本书作为教材的教师可来电（010-88379197）索取，或登录 www.cmpedu.com 网站，注册、免费下载。

### 图书在版编目（CIP）数据

铣削加工技术/张晓琳主编. —北京：机械工业出版社，2015.9（2024.1 重印）
"十二五"职业教育国家规划教材
ISBN 978-7-111-51061-1

Ⅰ.①铣… Ⅱ.①张… Ⅲ.①铣削-金属加工-中等专业学校-教材 Ⅳ.①TG54

中国版本图书馆 CIP 数据核字（2015）第 178971 号

机械工业出版社（北京市百万庄大街 22 号　邮政编码 100037）
策划编辑：王佳玮　　责任编辑：王佳玮　李　超　责任校对：樊钟英
封面设计：张　静　　责任印制：郜　敏
中煤（北京）印务有限公司印刷
2024 年 1 月第 1 版·第 6 次印刷
184mm×260mm·9.75 印张·236 千字
标准书号：ISBN 978-7-111-51061-1
定价：39.80 元

电话服务　　　　　　　　　　　网络服务
客服电话：010-88361066　　　　机　工　官　网：www.cmpbook.com
　　　　　010-88379833　　　　机　工　官　博：weibo.com/cmp1952
　　　　　010-68326294　　　　金　书　网：www.golden-book.com
封底无防伪标均为盗版　　　　　机工教育服务网：www.cmpedu.com

# 前　言

本书是按照教育部《关于中等职业教育专业技能课教材选题立项的函》（教职成司［2012］95号），由全国机械职业教育教学指导委员会和机械工业出版社联合组织编写的"十二五"职业教育国家规划教材，是根据教育部新颁布的《中等职业学校机械加工技术专业教学标准》，同时参考铣工国家职业资格标准编写的。

本书主要介绍铣削的基本知识、面的铣削、阶台和沟槽的铣削、分度头与分度方法、孔的铣削和典型复杂零件的铣削知识。在编写过程中力求体现现代工业技术发展，合理选择教材内容，尽可能多地在教材中充实新知识、新技术、新设备和新材料等方面的内容，使教材具有鲜明的时代特征，以项目化综合职业能力为切入点，创建工学结合的一体化专业课程学习情境。本书理论以"必需、够用"为度，实际操作以创造性技能为主，结合学生的理论知识、技能水平和认知心理及特点，对课程内容进行有机的排列与组合，过程充分体现实践性、开放性和职业性。

本书具有以下特色。

1）以项目导向，任务引领，理论和实际操作相结合的人才培养模式为基础。按照对任务的典型性、覆盖性、可行性原则，遵循认知规律与能力形成规律，设计教学载体，梳理理论知识，明确学习内容，使学生在"学中做、做中学"。

2）打破传统教材按章节划分知识的方法，将理论知识按照相应教学载体进行重构，并对知识内容以不同方式进行层面划分，如"任务描述""知识链接"和"任务实施"等。通过任务的完成，方便学生学有所用、学以致用，与传统的教材有着本质的区别。

3）体现了"以学生为主体，教师为主导"的教学思路。通过将专业教室与多媒体教学设备及实训相结合和安排课后练习，引导学生自学书本知识，并进行资料查阅和相互交流，达到对所学知识进行巩固与提高，教师起引导和指导作用。

4）以学习过程进行教学评价，即通过"任务评价"确定学生学习过程的成绩，彻底打破了期末一次考试定成绩的传统。

本书共六个项目，由张晓琳任主编，钟照青任副主编，田治、关永信参与编写。编写人员及分工如下：钟照青编写项目一，田治编写项目二和项目三，关永信编写项目四，张晓琳编写项目五和项目六。本书由张迎任主审。本书课时建议54课时，分配建议见下表。

| 项　目 | 任　务 | 理论参考课时 | 实操参考课时 |
|---|---|---|---|
| 绪论 | | 2 | |
| 项目一　铣削的基本知识 | 任务一　认识铣床 | 2 | 2 |
| | 任务二　认识常用铣刀 | 2 | |
| | 任务三　装夹工件 | 2 | 2 |

（续）

| 项　目 | 任　　务 | 理论参考课时 | 实操参考课时 |
|---|---|---|---|
| 项目二　面的铣削 | 任务一　铣削平面 | 2 | 2 |
| | 任务二　铣削垂直面和平行面 | | 2 |
| | 任务三　铣削斜面 | | 2 |
| 项目三　阶台和沟槽的铣削 | 任务一　铣削阶台 | | 2 |
| | 任务二　铣削直角沟槽 | | 2 |
| | 任务三　铣削轴上键槽 | | 2 |
| | 任务四　铣削V形槽 | | 2 |
| | 任务五　铣削T形槽 | | 2 |
| | 任务六　铣削燕尾槽 | | 2 |
| 项目四　分度头与分度方法 | 任务一　认识万能分度头 | 2 | |
| | 任务二　用万能分度头分度 | | 2 |
| | 任务三　用回转工作台分度 | 2 | |
| 项目五　孔的铣削 | 任务一　铣削单孔 | | 2 |
| | 任务二　铣削多孔 | | 2 |
| 项目六　典型复杂零件的铣削 | 任务一　铣削花键轴 | | 2 |
| | 任务二　铣削齿轮 | 2 | 2 |
| | 任务三　铣削凸轮 | | 2 |
| | 任务四　铣削离合器 | 2 | 2 |
| 合　　计 | | 18 | 36 |

　　编写过程中，编者参阅了国内外出版的有关教材和资料，并得到了许多企业同行、一线专家的有益指导；本书经全国职业教育教材审定委员会审定，评审专家对本书提出了宝贵的建议，在此一并表示衷心的感谢！

　　由于编者水平有限，书中不妥之处在所难免，恳请读者批评指正。

编　者

# 目 录

前言
绪论 ······················································································· 1
项目一　铣削的基本知识 ··························································· 7
　　任务一　认识铣床 ······························································· 7
　　任务二　认识常用铣刀 ······················································· 11
　　任务三　装夹工件 ······························································ 19
项目二　面的铣削 ···································································· 22
　　任务一　铣削平面 ······························································ 22
　　任务二　铣削垂直面和平行面 ·············································· 30
　　任务三　铣削斜面 ······························································ 37
项目三　阶台和沟槽的铣削 ······················································· 42
　　任务一　铣削阶台 ······························································ 42
　　任务二　铣削直角沟槽 ······················································· 48
　　任务三　铣削轴上键槽 ······················································· 53
　　任务四　铣削 V 形槽 ·························································· 62
　　任务五　铣削 T 形槽 ·························································· 68
　　任务六　铣削燕尾槽 ··························································· 73
项目四　分度头与分度方法 ······················································· 80
　　任务一　认识万能分度头 ···················································· 80
　　任务二　用万能分度头分度 ················································· 85
　　任务三　用回转工作台分度 ················································· 92
项目五　孔的铣削 ···································································· 94
　　任务一　铣削单孔 ······························································ 94
　　任务二　铣削多孔 ······························································ 103
项目六　典型复杂零件的铣削 ···················································· 115
　　任务一　铣削花键轴 ··························································· 115
　　任务二　铣削齿轮 ······························································ 124
　　任务三　铣削凸轮 ······························································ 131
　　任务四　铣削离合器 ··························································· 139
参考文献 ················································································ 148

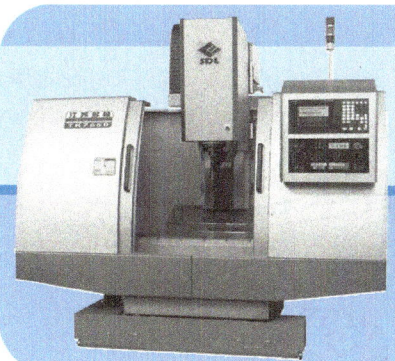

# 绪 论

## 任务描述

机器是由各种零件装配而成的，而零件的加工制造离不开金属切削加工，金属切削加工的方法一般包括车、铣、刨、磨、钻、镗、钳等，其中铣削加工是金属切削加工中比较重要、比较常用的方法。在工厂中流行这样一句话："伟大的车工，万能的钳工，难不住的铣工"。

## 学习目标

1）了解铣削在制造业中的地位。
2）掌握铣削的内容、特点。
3）熟悉铣床的工作范围。
4）掌握铣床安全操作规程。

## 知识链接

### 一、铣削加工

铣削就是在铣床上利用刀具的旋转运动和工件的直线运动，改变毛坯的尺寸和形状，将毛坯加工成符合图样要求的零件。

### 二、铣削加工范围

金属材料的铣削加工是机械加工中最常用的加工方法之一。铣削加工是利用铣刀的旋转运动与工件的往复直线运动，在铣床上切除零件余量，获得满足一定尺寸精度、表面形状和位置精度、表面粗糙度要求的零件的加工方法。它有加工范围广、生产率较高的优点，其加工公差等级一般为 IT7～IT9，表面粗糙度值可达 $Ra1.6～12.5\mu m$。因此，铣削加工在机械制造业中具有重要的地位。铣削加工范围如图 0-1 所示。

### 三、铣削的运动

铣削加工是由刀具的回转运动和工件的直线进给运动叠加完成的。

# 铣削加工技术

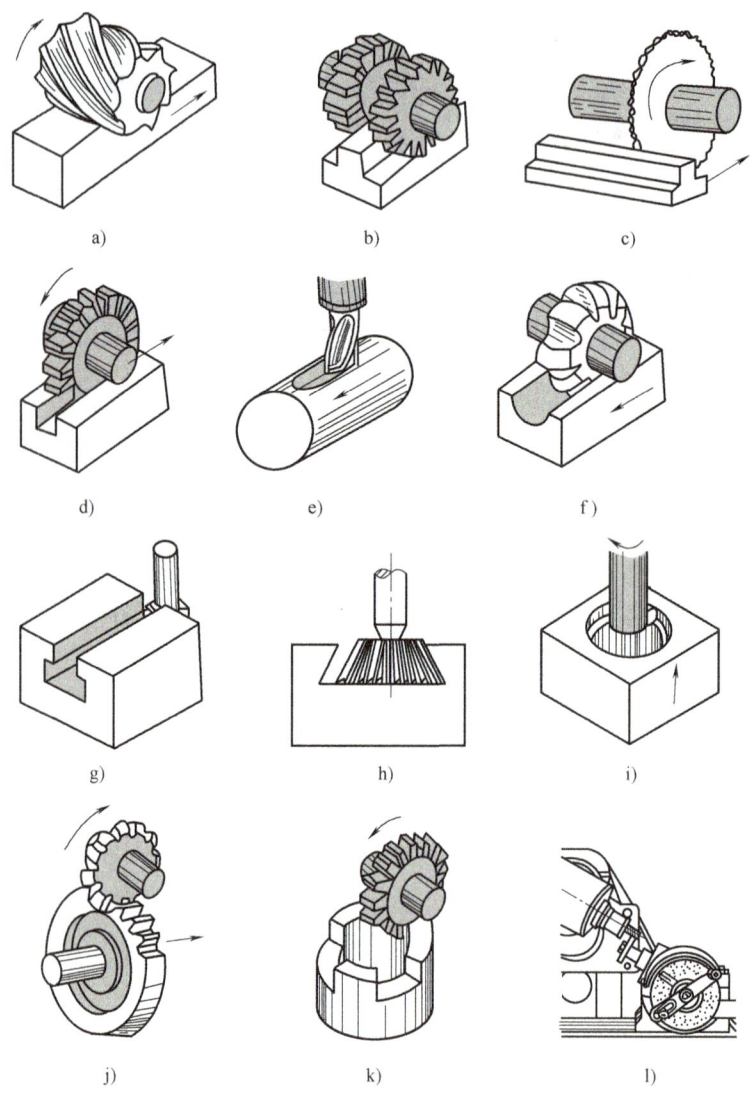

图 0-1 铣削加工范围

a）铣削平面 b）铣削台阶 c）切断 d）铣削直角沟槽 e）铣削键槽
f）铣削圆弧槽 g）铣削T形槽 h）铣削燕尾槽 i）在铣床上镗孔
j）铣削齿轮 k）铣削牙嵌离合器 l）铣削凸轮

在铣削加工中，为了铣去多余的金属，必须使工件和刀具做相对的运动。按照在切削过程中的作用，铣削运动可分为主运动和进给运动。

**1. 主运动**

主运动是形成机床铣削速度或消耗主要动力的运动。铣削时，刀具的旋转运动是主运动。通常，主运动的速度较高，消耗的铣削功率较大。

**2. 进给运动**

进给运动是使工件铣削层材料相继进入切削，从而加工出完整表面所需的运动。铣削运动中，工件的移动或回转、铣刀的移动等都是进给运动。

（1）断续进给　控制切削刃切入被切层深度的进给运动。

（2）连续进给　沿着所要形成的工件表面进给的运动。

进给运动按运动方向又分为沿工作台面长度方向的纵向进给、沿工作台面宽度方向的横向进给及垂向进给等。

### 四、铣削用量的基本概念

铣削用量包括铣削速度、进给量、侧吃刀量和背吃刀量，如图 0-2 所示。

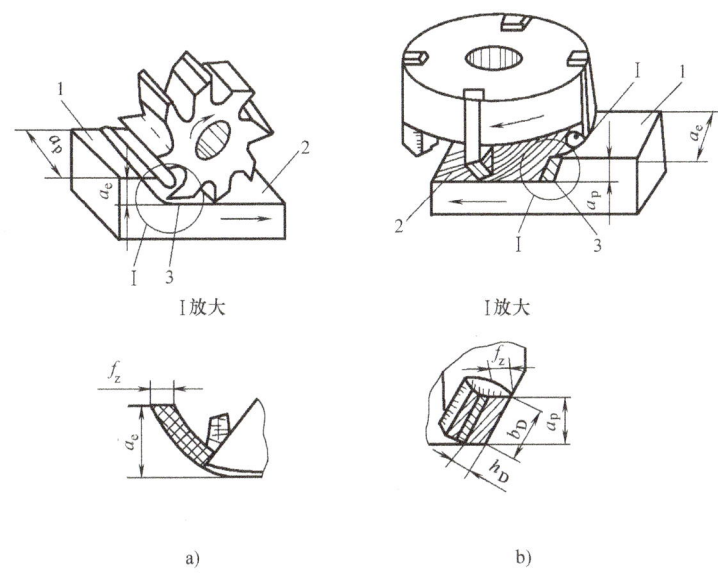

图 0-2　铣削用量

a）周边铣削　b）端面铣削

1—待加工表面　2—已加工表面　3—过渡表面

**1. 铣削速度 $v_c$**

铣削时铣刀切削刃选定点相对于工件主运动的线速度称为铣削速度。铣削速度与铣刀直径、铣刀转速有关，其计算公式为

$$v_c = \frac{\pi d n}{1000}$$

式中　$v_c$——铣削速度（m/min）；

　　　$d$——铣刀直径（mm）；

　　　$n$——铣刀或铣床的主轴转速（r/min）。

铣削时，根据工件材料、铣刀切削刃部分的材料、加工阶段的性质等因素确定铣削速度，然后根据所用铣刀规格（直径）确定铣床主轴的转速，即

$$n = \frac{1000 v_c}{\pi d}$$

## 2. 进给量 $f$

刀具在进给运动方向上相对工件的位移量，称为进给量。根据铣削过程的具体情况，铣削的进给量有三种表达方法。

（1）每齿进给量 $f_z$　铣刀每转过一个齿时，刀齿相对工件在进给运动方向上的位移量，单位为 mm/z。

（2）每转进给量 $f$　铣刀每转一周时，铣刀相对工件在进给运动方向上的位移量，单位为 mm/r。

（3）每分钟进给量 $v_f$（又称进给速度）　铣刀每回转 1min，在进给运动方向上相对工件的位移量，单位为 mm/min。

三种进给量之间的关系为

$$v_f = fn = f_z zn$$

式中　$n$——铣刀或铣床的主轴转速（r/min）；

　　　$z$——铣刀齿数。

铣削时，根据加工性质先确定每齿进给量 $f_z$，然后根据铣刀的齿数 $z$ 和铣刀的转速 $n$ 计算出每分钟进给量 $v_f$，并以此对铣床进给量进行调整（铣床铭牌上的进给量以每分钟进给量表示）。

## 3. 背吃刀量 $a_p$

在通过切削刃基点并垂直于工作平面的方向上测量的铣削层尺寸称为背吃刀量，单位为 mm。

## 4. 侧吃刀量 $a_e$

在平行于工作平面并垂直于切削刃基点的进给方向上测量的铣削层尺寸称为侧吃刀量，单位为 mm。

铣削时由于采用的铣削方法和选用的铣刀不同，背吃刀量和侧吃刀量不同，如图 0-3 所示。

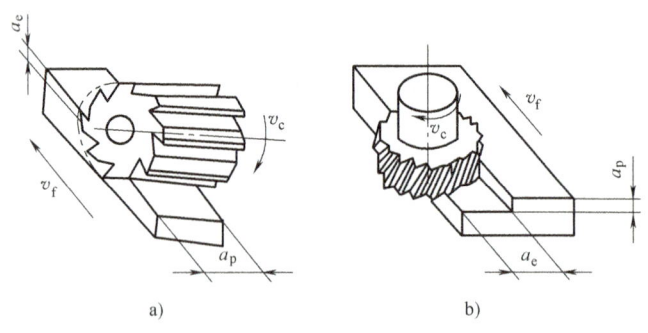

图 0-3　背吃刀量和侧吃刀量

a）周边铣削　b）端面铣削

## 任务实施

### 一、本课程的主要内容

1）熟悉铣床的组成、主要功用和主要调整方法。

2）熟悉铣刀的组成和安装方法以及常用刀具的材料。

3）基本掌握典型表面加工的工艺过程。

4）掌握铣削平面、铣削台阶、铣削直角沟槽、铣削键槽、铣削T形槽、铣削V形槽、铣削齿轮、铣削牙嵌离合器、铣削凸轮和在铣床上钻、铰、镗孔等零件的加工方法和测量方法，能制订合理的铣削工艺。

5）掌握常用量具的使用方法，铣削至所能达到的尺寸精度、几何精度和表面粗糙度的要求。

6）能熟练地对零件进行质量分析，提出预防质量问题的措施。掌握安全文明生产的知识。

7）能合理地选择零件的定位基准和各种零件的装夹方法，合理地选择切削用量和切削液。

8）了解本专业的新技术、新工艺以及提高产品质量和劳动生产率的方法，能查阅铣工专业相关的技术资料。

## 二、铣床的操作注意事项

1）严格遵守安全操作规程，操作时按步骤进行。

2）不允许两个进给方向同时自动进给。自动进给时，进给方向紧固手柄应松开。

3）各个进给方向的自动进给停止挡铁应在限位柱范围内。

4）练习完毕认真擦拭机床，并使工作台处于中间位置，各手柄恢复原位。

## 三、铣床安全操作规程

1）操作前应对所使用机床做如下检查。

① 各手柄的原始位置是否正常。

② 用手摇动各手柄，检查进给运动和方向是否正常。

③ 检查自动进给停止挡铁是否在限位柱范围内，是否紧固。

④ 使主轴和工作台由低速运动到高速运动，检查运动和变速是否正常。

⑤ 开动机床使主轴回转，观察油窗是否甩油。

⑥ 上述各项检查完毕，若无异常，可对机床各部分加注润滑油。

2）不准戴手套操作机床、测量工件、更换刀具、擦拭机床。

3）装卸工件、刀具，变换转速和进给量，测量工件，安装、配换齿轮等，必须在停车状态下进行。

4）操作机床时，严禁离开岗位，不准做与操作内容无关的其他事情。

5）工作台自动进给时，应脱开手动进给离合器，以防手柄随轴旋转而伤人。

6）不准两个进给方向同时起动自动进给。自动进给时，不准突然变换进给速度。自动进给完毕，应先停止进给，再停止主轴（刀具）旋转。

7）高速铣削或刃磨刀具时，必须戴防护眼镜。

8）操作中出现异常现象应及时停车检查，出现故障、事故应立即切断电源，及时报告指导教师，请专业维修人员检修，未修复好的机床不得使用。

9）机床不使用时，各手柄应置于空档位置，各方向进给紧固手柄应松开，工作台应处于各方向进给的中间位置，导轨面应适当涂刷润滑油。

## 课后练习

1. 什么是铣削加工？试述铣削加工的范围。
2. 铣削包括哪些运动？
3. 什么是背吃刀量、进给量和切削速度？切削速度怎样计算？
4. 操作铣床时应注意哪些事项？
5. 试述铣工操作的安全注意事项。

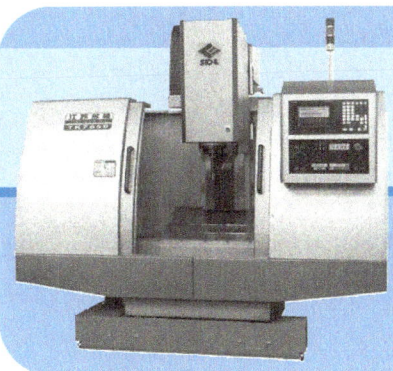

# 项目一

## 铣削的基本知识

铣削加工是在铣床上用铣刀对工件进行切削加工。铣床是机械制造业中的重要设备，其生产率高，加工范围广，是一种应用广泛的金属切削机床。

### 任务一　认识铣床

#### 任务描述

在各类金属切削机床中，铣床是应用比较广泛的一种。在一般机械加工车间的机床配置中，除车床之外，应用得最多的就是铣床。卧式升降台铣床在铣床中使用最多，它适用于单件、小批量工件的加工。铣工应该了解铣床的基本结构，能够正确操作和维护铣床。在工厂中，目前最常用的就是 X6132 型卧式万能升降台铣床，如图 1-1 所示，本书都以它为例进行讲解。

图 1-1　X6132 型卧式万能升降台铣床

#### 学习目标

1）掌握铣床的种类、代号。
2）掌握铣床各部分的名称和作用。

3）掌握卧式铣床的操作方法。

## 知识链接

### 一、X6132 型卧式万能升降台铣床各部分的名称及作用

图 1-2 所示为 X6132 型卧式万能升降台铣床的结构示意图，其各组成部分的结构与功能见表 1-1。

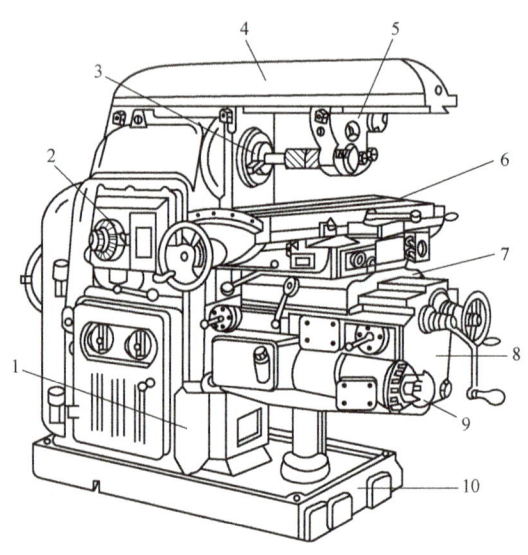

图 1-2　X6132 型卧式万能升降台铣床的结构示意图

1—床身　2—主轴变速机构　3—主轴　4—横梁　5—挂架　6—工作台
7—横向溜板　8—升降台　9—进给变速机构　10—底座

表 1-1　X6132 型卧式万能升降台铣床各组成部分的结构与功能

| 序号 | 名称 | 结构与功能 |
|---|---|---|
| 1 | 床身 | 床身是机床的主体，用来安装和连接机床其他部件。床身正面有垂直导轨，工作台可沿导轨上下移动。床身顶部有燕尾形水平导轨，横梁可沿其水平移动。床身内部装有主轴机构和主轴变速机构等 |
| 2 | 主轴变速机构 | 主轴变速机构安装在床身内，其功用是将电动机的转速通过齿轮变速，变换成 18 种不同的转速，传递给主轴，以适应各种转速的铣削要求 |
| 3 | 主轴 | 主轴用来实现主运动，是前端带锥孔的空心轴，孔的锥度为 7:24，用来安装铣刀杆和铣刀。由变速机构驱动主轴连同铣刀一起旋转 |
| 4 | 横梁 | 横梁上可安装挂架，并沿床身顶部的燕尾形导轨移动 |
| 5 | 挂架 | 铣刀杆一端安装在主轴锥孔内，另一端安装在挂架上，以增强刀杆的刚性 |
| 6 | 工作台 | 用来安装工件或铣床夹具，带动工件实现纵向进给运动 |
| 7 | 横向溜板 | 用来带动工作台实现横向进给运动。横向溜板与工作台之间设有回转盘，可使工作台在水平面内做 -45°~45°范围内的转动 |

（续）

| 序号 | 名称 | 结构与功能 |
|---|---|---|
| 8 | 升降台 | 用来支承横向溜板和工作台,带动工作台上下移动。升降台内部装有进给电动机和进给变速机构 |
| 9 | 进给变速机构 | 用来调整和变换工作台的进给速度,以适应铣削的需要 |
| 10 | 底座 | 用来支持床身,承托铣床全部重量,盛装切削液 |

## 二、X6132型卧式万能升降台铣床的性能

X6132型卧式万能升降台铣床功率大，转速高，变速范围大，刚性好，操作方便，通用性强。它可以将横梁移到床身后面，在主轴端部装上万能立铣头进行立铣加工，铣刀可回转任意角度，扩大加工范围，可以加工中小型平面、特形表面、各种沟槽和小型箱体上的孔等。

## 三、常用铣床

常用铣床的主要特点与型号见表1-2。

表1-2 常用铣床的主要特点与型号

| 名称 | 主要特点 | 型号 |
|---|---|---|
| 卧式升降台铣床 | 卧式升降台铣床有沿床身垂直导轨运动的升降台,工作台可随升降台做上下垂直运动,在升降台上可做纵向和横向运动。铣床主轴与工作台面平行。这种铣床使用方便,适用于加工中小型零件 |  X6132 |
| 立式升降台铣床 | 立式升降台铣床与卧式升降台铣床的主要差异是铣床主轴与工作台台面垂直 |  X5032 |

(续)

| 名称 | 主要特点 | 型　号 |
|---|---|---|
| 万能工具铣床 | 万能工具铣床有水平主轴和垂直主轴,工作台做纵向和垂直方向运动,横向运动由主轴实现。这种铣床能完成多种铣削工作,用途广泛,特别适合于加工各种夹具、刀具、工具、模具和小型复杂零件 | X8126 |
| 龙门铣床 | 龙门铣床属于大型铣床,铣削动力安装在龙门导轨上,有垂直主轴箱和水平主轴箱,可做横向运动和升降运动。工作台直接安置在床身上,载重量大,可加工重型零件,但只能做纵向运动 | X2010 |

## 任务实施

熟悉了 X6132 型卧式万能升降台铣床的基本结构后,还要掌握其操作方法。

### 一、手动进给操作

1)熟悉电源开关及切削液泵启停按钮的位置。
2)熟悉各操作手柄的位置。
3)做各个方向的手动进给练习。
4)掌握工作台丝杠和螺母之间的间隙对移动尺寸的影响。
5)能均匀地摇动手柄进行进给。

### 二、机动进给操作

1)扳动主轴变速手柄,确定主轴转速。
2)起动铣床,使主轴转动。
3)扳动工作台自动进给手柄,使工作台分别做纵向、横向和垂直方向的机动进给。
4)停止工作台进给,关闭电源。

项目一 铣削的基本知识

### 三、操作铣床时的注意事项

1）严格遵守铣工操作规程。

2）不准做与操作铣床无关的其他事项。

3）操作铣床必须按规定步骤和要求进行。

4）操作结束后，擦拭铣床，将工作台放到各进给方向的中间位置，各手柄要恢复到原来位置，关闭电源。

 **课后练习**

1. 试述 X6132 型卧式万能升降台铣床各主要部件的名称及作用。
2. 试述 X6132 型卧式万能升降台铣床的特点。
3. 试述常用立式升降台铣床的型号及主要特点。
4. 操作铣床时的注意事项有哪些。

## 任务二　认识常用铣刀

 **任务描述**

任何工件在铣削加工之前，首先要根据其形状和精度要求来选用合适的铣刀。这就要求我们首先要认识铣刀，了解常用铣刀的种类和用途，这样才能根据工件的加工要求来合理地选择铣刀。

### 学习目标

1）掌握铣刀的种类、用途及标记。

2）掌握铣刀材料的种类和用途。

3）了解铣刀主要部分的名称和角度。

4）会使用铣刀，会装卸铣刀刀轴和铣刀。

### 知识链接

#### 一、铣刀

铣刀是用于铣削加工的刀具，是具有一个或多个刀齿的旋转刀具，工作时各刀齿依次间歇地切去工件的余量。铣刀主要用于在铣床上加工平面、台阶、沟槽、成形表面，以及切断工件等。

铣刀实质上是一种由几把单刃刀具组成的多刃标准刀具，其主、副切削刃根据其类型与结构不同，分布在外圆柱面上或端面上。常用的铣刀可按结构、安装方式和加工内容进行分类，具体见表 1-3～表 1-5。

11

表 1-3　按铣刀的结构分类

| 铣刀种类 | 铣刀的结构或用途 | 刀具图 |
|---|---|---|
| 整体式铣刀 | 刀体和刀齿制成一体 | |
| 整体焊齿式铣刀 | 刀齿用硬质合金或其他耐磨刀具材料制成并钎焊在刀体上 | |
| 镶齿式铣刀 | 刀齿用机械夹固的方法紧固在刀体上。这种可换的刀齿可以是整体刀具材料的刀头，也可以是焊接刀具材料的刀头。刀头装在刀体上刃磨的铣刀称为体内刃磨式；刀头装在夹具上单独刃磨的铣刀称为体外刃磨式 | |
| 可转位式铣刀 | 这种结构已广泛用于面铣刀、立铣刀和三面刃铣刀 | |

表 1-4　按铣刀的安装方式分类

| 铣刀种类 | | 铣刀的用途 | 刀具图 |
| --- | --- | --- | --- |
| 带柄铣刀 | 面铣刀 | 由于其刀齿分布在铣刀的端面和圆柱面上,故多用于在立式升降台铣床上加工平面,也可用于在卧式升降台铣床上加工平面 | |
| | 立铣刀 | 它是一种带柄铣刀,有直柄和锥柄两种,适于铣削端面、斜面、沟槽和台阶面等 | |
| | 键槽铣刀和T形槽铣刀 | 它们是专门用来加工键槽和T形槽的 | |
| | 燕尾槽铣刀 | 专门用于铣燕尾槽 | |
| 带孔铣刀 | 圆柱铣刀 | 由于它仅在圆柱表面上有切削刃,故用于在卧式升降台铣床上加工平面 | |
| | 三面刃铣刀和锯片铣刀 | 三面刃铣刀一般用于在卧式升降台铣床上加工直角槽,也可以加工台阶面和较窄的侧面等;锯片铣刀主要用于切断工件或铣削窄槽 | |
| | 模数铣刀 | 用来加工齿轮等 | |

表 1-5 按铣刀的加工内容分类

| 铣刀种类 | 铣刀图示 | 铣削示例 |
|---|---|---|
| 铣削平面用铣刀 |  | 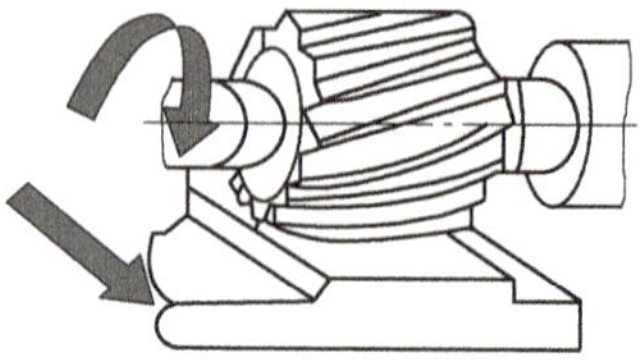 |
| 铣削直角沟槽和平面用铣刀 | 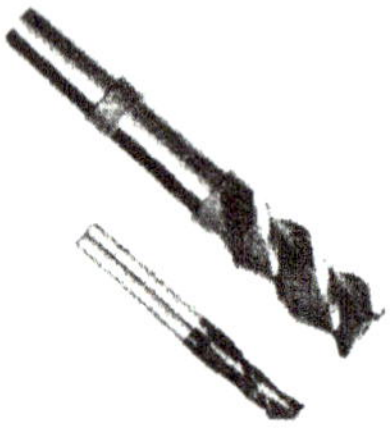 | 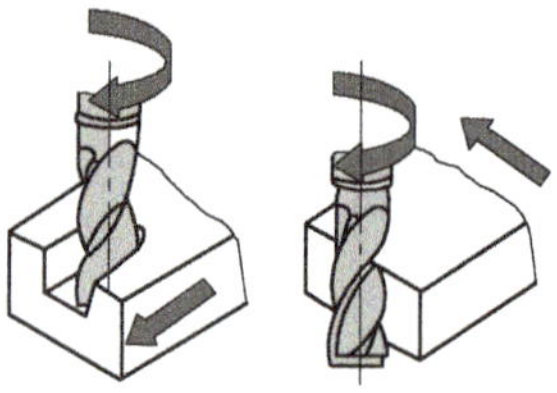 |
| 切断和铣削窄槽用铣刀 |  | 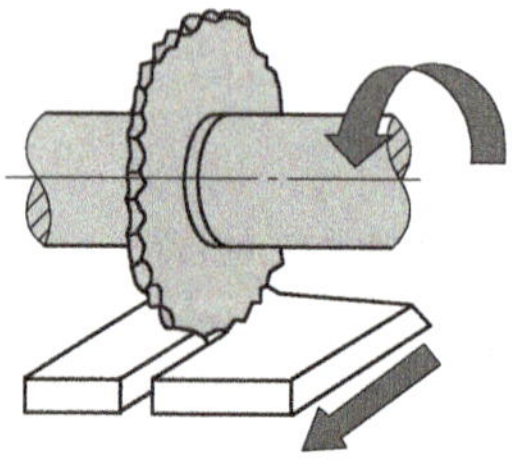 |

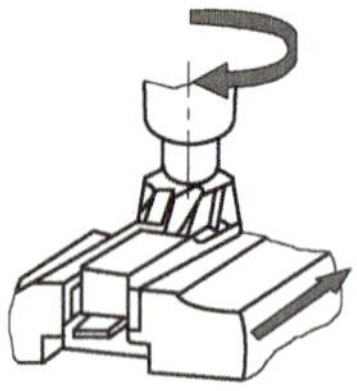

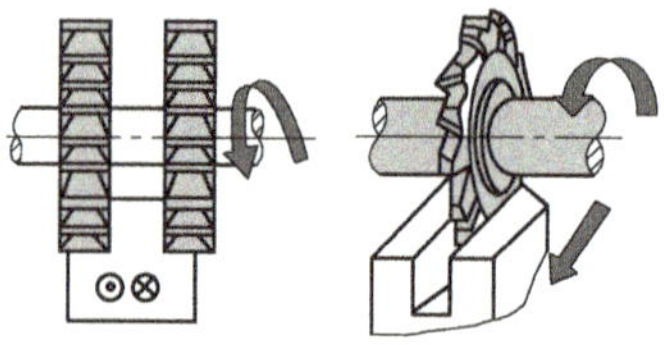

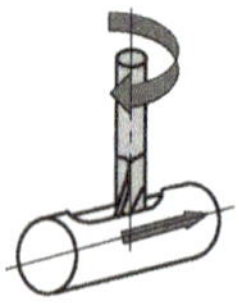

（续）

| 铣刀种类 | 铣刀图示 | 铣削示例 |
|---|---|---|
| 铣特形沟槽用铣刀 |   | 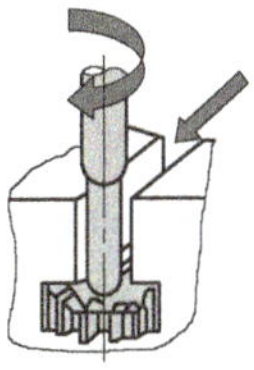 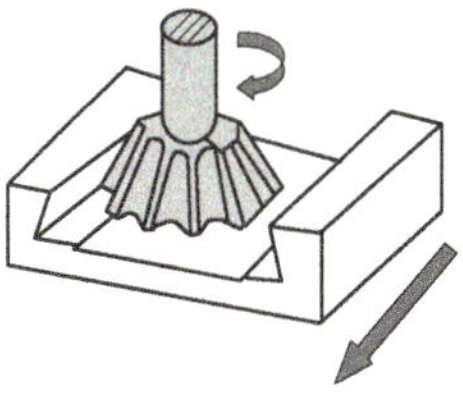 |
| | | |
| |  | 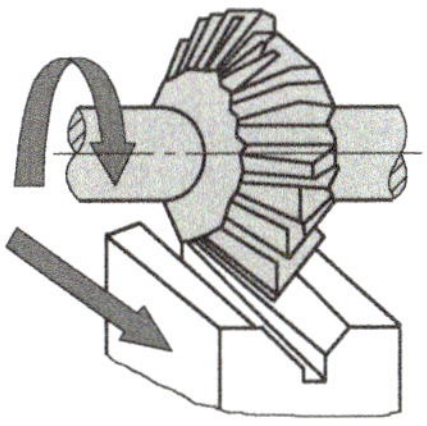 |
| 铣削特形面用铣刀 |   | 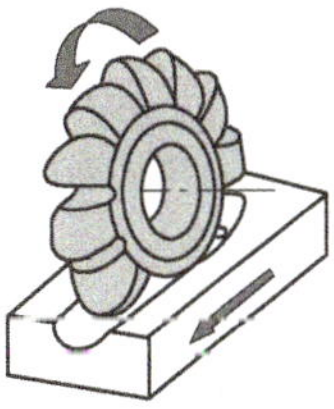 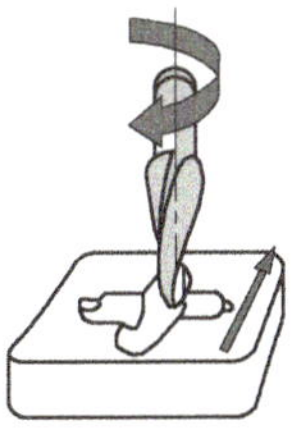 |
| | | |
| |  |  |

## 二、铣刀材料

**1. 铣刀切削部分材料的要求**

（1）<u>高的硬度和耐磨性</u>　刀具材料应具有足够的硬度，至少应高于被切削工件的硬度。

（2）<u>足够的强度和韧性</u>　在切削过程中，刀具会受到很大的力，所以刀具材料要具有足够的强度，否则会断裂和损坏。

（3）<u>良好的热硬性</u>　在切削过程中，刀具和切削区的温度会很高，尤其是速度较高时温度会更高，因此刀具材料在高温下应仍能保持较高的硬度，能继续进行切削，这种性能称为热硬性。

（4）<u>良好的工艺性</u>　为了能顺利地制造出一定形状和尺寸的刀具，一般要求刀具材料具有良好的工艺性，尤其对形状比较复杂的铣刀。

**2. 铣刀切削部分常用的材料**

铣刀切削部分常用的材料有高速工具钢和硬质合金等，其性能及牌号见表1-6。

表1-6　铣刀切削部分常用材料的性能及牌号

| 名称 | 性　能 | 牌　号 |
|---|---|---|
| 高速工具钢 | 具有较好的切削性能，适宜的切削速度为16～35m/min，用于制造形状较复杂的铣刀 | W18Cr4V、W6Mo5Cr4V2 等 |
| 硬质合金钢 | 耐磨性好，低速时切削性能差、工艺性较差，切削速度比高速工具钢高4～7倍，可用作高速切削和硬材料切削的刀具。通常是将硬质合金刀片以焊接或机械夹固的方式固定在铣刀刀体上，可切削高强度合金钢、不锈钢、耐热钢，也可切削一般钢材等 | 钨钴（YG）类，牌号有 YG8、YG6、YG3、YG8C，可切削铸铁、青铜等；钨钛钴（YT）类，牌号有 YT5、YT15、YT30 等，可切削碳钢等；钨钛钽（铌）钴类，常用牌号有 YW1、YW2 等 |
| 涂层刀具 | 在以硬质合金或高速工具钢为基体的刀具材料上，涂上一层高硬度和耐磨性好的涂层材料，其厚度仅为几微米 | TiC、TiN、$Al_2O_3$ 等 |

## 三、铣刀的标记

为了便于辨别铣刀的规格、材料和制造单位等，在铣刀上都刻有标记。常用的标记有制造厂的商标、制造铣刀的材料和铣刀尺寸规格，具体见表1-7。

表1-7　铣刀的分类及标记

| 分类方法 | 种　类 | 标　记 |
|---|---|---|
| 按切削部分的材料分类 | 高速工具钢铣刀 | 圆柱形铣刀、三面刃铣刀和锯片铣刀等均以外圆直径×宽度×内孔直径来表示 |
| | 硬质合金铣刀 | |
| 按铣刀用途分类 | 加工平面用的铣刀 | 立铣刀和键槽铣刀等一般只标注外圆直径 |
| | 加工沟槽用的铣刀 | |
| | 加工成形面用的铣刀 | |
| 按铣刀刀齿的构造分类 | 尖齿铣刀 | 角度铣刀和半圆铣刀等，一般以外圆直径×宽度×内孔直径×角度（或圆弧半径）表示 |
| | 铲齿铣刀 | |

其他各种铣刀的尺寸规格标记方法都大致相同，都以表示出铣刀的主要规格为目的。

## 任务实施

### 一、铣刀的安装

**1. 带孔铣刀的安装**

铣刀尽可能靠近主轴端面安装，以增强工艺系统刚性，减小振动。安装时，先擦净定位套筒和铣刀，以减小安装后铣刀的轴向圆跳动；将刀杆插入主轴锥孔中，并使刀杆上的键槽与主轴的键配合。拉杆与刀杆柄部螺纹至少旋合5~6个螺距；在拧紧刀杆上的压紧螺母前，需先装好吊架，最后使刀杆与主轴、铣刀与刀杆紧密配合，如图1-3所示。

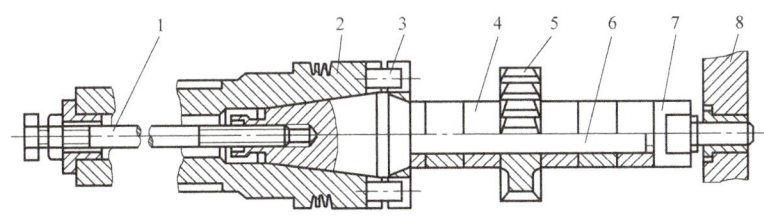

图1-3 带孔铣刀的安装

1—拉杆 2—主轴 3—端面键 4—套筒 5—铣刀 6—刀杆 7—螺母 8—吊架

**2. 带柄铣刀的安装**

直柄铣刀通常为整体式，直径一般都小于20mm，多用弹性夹头进行安装。由于弹性夹头上沿轴向有三条开口，故用螺母压紧弹性夹头的端面，使其外锥面受压而孔径缩小，从而夹紧铣刀。弹性夹头有多种孔径，以安装不同直径的直柄铣刀。

锥柄铣刀有整体式和组装式两种，组装式主要安装铣刀头或硬质合金可转位刀片。安装锥柄铣刀时，先选用合适的过渡锥套，再用拉杆将铣刀及过渡锥套一起拉紧在主轴端部的锥孔内，如图1-4所示。

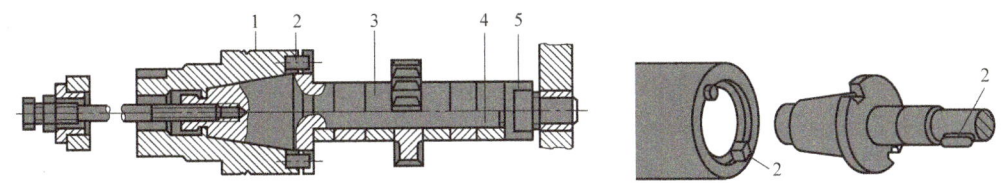

图1-4 带柄铣刀的安装

1—主轴 2—键 3—套筒 4—刀轴 5—螺母

**3. 铣刀装卸过程中的注意事项**

1）安装圆柱形铣刀或其他带孔铣刀时，应先紧固挂架后紧固铣刀；拆卸时应先松开铣刀，再松开挂架。

2）装卸圆柱形铣刀时，用手持两端面；装卸立铣刀时，手上垫上棉纱握住圆周。

3）安装铣刀时应擦净各接触表面，以防止接触面上附有脏物影响安装精度。

4）拉紧螺杆上的螺纹长度应与铣刀杆或铣刀上的螺孔有足够的旋合长度。

5）挂架轴承孔与铣刀杆支承轴颈应保持足够的配合长度。
6）安装铣刀后应检查安装情况是否正确。

## 二、切削液

### 1. 切削液的作用

（1）冷却作用　在铣削过程中，会产生大量的热量，致使刀尖附近的温度很高，而使切削刃磨损加快。使用切削液可使热量迅速被切削液带走，以起到冷却作用。

（2）润滑作用　在铣削时，切削刃及其附近与工件被切削处会产生强烈的摩擦，这种摩擦一方面会使切削刃磨损，另一方面会增大表面粗糙度值，降低表面质量。使用切削液可以减小铣刀与工件表面间的摩擦，以减小工件的表面粗糙度值。

（3）冲洗作用　在浇注切削液时，能把铣刀齿槽中和工件上的切屑冲去，尤其在铣削沟槽等切屑不易排出的地方，较大流量的切削液能把切屑冲出来。

### 2. 切削液的种类和选用

切削液的种类和选用见表1-8。

表1-8　切削液的种类和选用

| 种类 | 材料 | 选用 |
|---|---|---|
| 水溶液 | 清水 | 1）粗加工时，由于切削量大，产生的热量多，温度高，而对表面质量的要求却不高，所以应采用以冷却为主的切削液<br>2）精加工时，对工件表面质量的要求较高，并希望铣刀寿命长，而且由于精加工时切削量少，产生的热量也少，所以对冷却的作用要求不高<br>3）铣削不锈钢和高强度材料时，粗加工用较稀的乳化液；精加工用含有极压添加剂的煤油、浓度高的乳化液和硫化油（柴油加质量分数为20%的脂肪和5%的硫黄）等<br>4）铣削铸铁和黄铜等脆性材料时，由于切屑呈细小颗粒状，和切削液混合后，容易堵塞冷却系统、机床导轨和丝杠、铣刀齿槽等<br>5）使用硬质合金铣刀进行高速切削时，由于刀齿的耐热性好，故一般不用切削液，必要时用乳化液 |
| 乳化液 | 乳化油加10～20倍的水稀释而成的乳白色液体 | |
| 切削油 | 主要是矿物油，还可采用动物油和植物油等 | |

### 3. 注意事项

在使用切削液时，为了得到良好的效果，应注意以下几点。

1）用硬质合金做高速切削时，若必须使用切削液，则应在开始切削之前就连续充分地浇注，以免刀片因骤冷而碎裂。

2）切削液应浇到刀齿与工件接触处，即尽量浇注在温度最高的地方。

3）在使用切削液时，量要充分，而且一开始就使用，使铣刀得到充分冷却，并使工件的温度与室温接近，以减小热胀冷缩的影响。

## 课后练习

1. 常用铣刀切削部分的材料有哪些？都有哪些基本要求？
2. 铣刀按结构不同分为哪几类？各有什么用途？
3. 带柄和带孔铣刀分别分哪几类？各有什么用途？
4. 带孔铣刀和带柄铣刀怎样安装？应注意什么？
5. 切削液分哪几类？怎样选用？在使用时应注意什么？

## 任务三　装夹工件

### 任务描述

铣削加工时，工件必须在机床夹具中定位夹紧，使其在整个切削过程中始终保持正确的位置。工件的装夹正确与否和铣削速度的快慢，直接影响加工质量和劳动生产率。铣削加工常用的装夹方法主要有用机用平口钳装夹和用压板装夹两种。

### 学习目标

1) 了解机用平口钳的结构。
2) 会用机用平口钳安装及找正工件。
3) 掌握压板装夹的方法。

### 知识链接

#### 一、用机用平口钳装夹工件

机用平口钳简称平口钳，是铣床上用来装夹工件的附件。铣削一般长方体工件的平面、台阶面、斜面和轴类工件的键槽时，都可以用机用平口钳来装夹。

**1. 机用平口钳的结构**

常用的机用平口钳有回转式和非回转式两种。图 1-5 所示为回转式机用平口钳，钳体能在底座上扳转任意角度。非回转式机用平口钳的结构与回转式机用平口钳基本相同，只是底座没有转盘，钳体固定。回转式机用平口钳使用方便，适应性强，但由于多了一层转盘结构，高度增加，刚性相对降低。因此，在铣削平面、垂直面和平行面时，一般都采用非回转式机用平口钳。

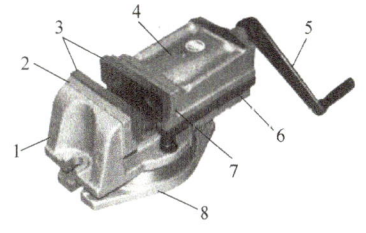

图 1-5　机用平口钳
1—钳体　2—固定钳口　3—钳口铁　4—活动钳身
5—丝杠手柄　6—压板　7—活动钳口　8—底座

**2. 机用平口钳的规格**

普通机用平口钳按钳口宽度不同，有 125mm、136mm、160mm、200mm、250mm 等规格。

**3. 机用平口钳的安装和找正**

（1）机用平口钳的安装　安装机用平口钳时，应擦净钳座底面和工作台面。机用平口钳安装在工作台长度方向的中心偏左、宽度方向的中心，以方便操作。在粗铣和半精铣时，应使铣削力指向固定钳口；加工一般的工件时，机用平口钳可用定位键安装。安装时，将机用平口钳底座上的定位键放在工作台中央的 T 形槽内，双手推动钳体，使两定位键的同一侧面靠在中央 T 形槽的同一侧面上，然后固定钳座，再利用钳体上的零刻线与底座上的刻线相配合，转动钳体，使固定钳口与铣床主轴轴线垂直或平行，也可以按需要调整角度。加工有较高相对位置精度要求的工件，如铣削沟槽时，钳口与主轴轴线要求有较高的垂直度或平行度要求，这时应对固定钳口进行找正。

（2）机用平钳口的找正　用百分表找正固定钳口，保证与铣床主轴轴线的垂直度或平行度，如图1-6所示。

1）找正固定钳口与铣床主轴轴线的垂直度。找正时，将磁力表座吸附在横梁导轨面上，安装百分表，使表的测量杆与固定钳口铁平面垂直。用钳口铁平面压缩测头约0.1～0.2mm，纵向移动工作台，记录百分表的读数，最大读数与最小读数之差的1/2即为固定钳口需要向小值方向旋转的数值，旋转固定钳口并复检，复检合格后紧固钳体。

2）找正固定钳口与铣床主轴轴线的平行度。找正固定钳口与铣床主轴轴线的平行度时，可将磁性表座吸附在床身垂直导轨面上，横向移动工作台，找正方法同上。

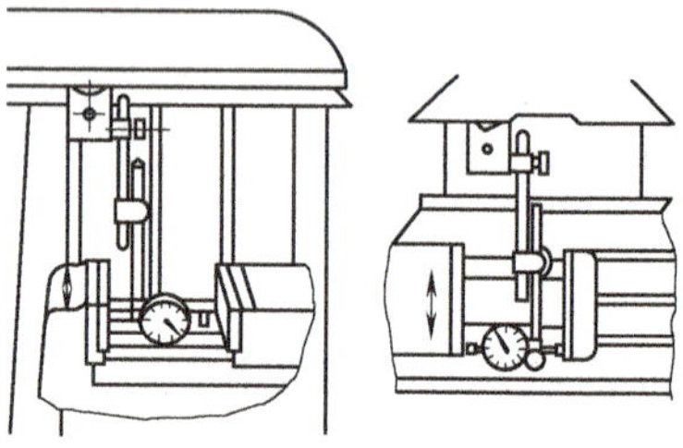

**4. 工件在机用平口钳上的装夹**

1）毛坯件的装夹。选择毛坯件上一个大平面作为粗基准面，将其靠在固定钳口上或导轨面上。在钳口或导轨面和工件毛坯面间应垫纯铜皮，以防损伤钳口。先轻夹工件，用划针盘找正毛坯上平面位置，基本平行后再夹紧工件，如图1-7所示。

2）经粗加工的工件的装夹。选择工件上一个较大的粗加工表面作为基准面，将其靠向固定钳口面或钳体导轨面上进行装夹。工件基准面靠向固定钳口面时，可在活动钳口与工件间放置一圆棒，其位置在钳口夹持工件部分高度的中间偏上。通过圆棒夹紧工件，能保证工件的基准面与固定钳口面很好地贴合，图1-8所示。

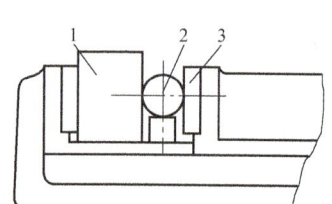

图1-6　用百分表找正固定钳口

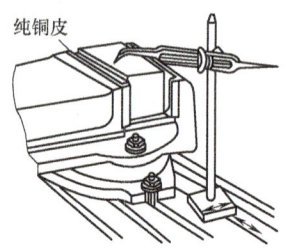

图1-7　钳口垫纯铜皮找正毛坯件

图1-8　用圆棒夹持工件
1—工件　2—圆棒　3—活动钳口

3）工件的基准面靠向钳体导轨面时，在工件与导轨之间要垫一平行垫铁。为了使工件基准面与导轨面平行，夹紧后可用铜锤轻击工件上表面，并用手试移垫铁，以不松动为宜，说明工件与垫铁贴合良好，然后夹紧，如图1-9所示。用机用平口钳夹工件时，工件放置位置要适当，工件受的夹紧力要均匀，切除余量后的加工面要高出钳口上平面5～10mm。

**二、用压板装夹工件**

形状、尺寸较大或不便于用机用平口钳装夹的工

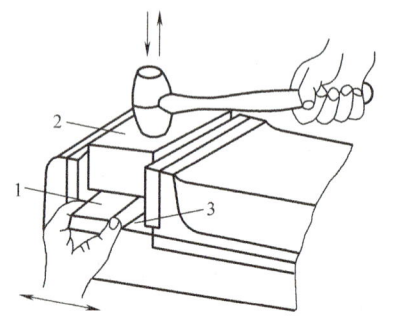

图1-9　用平行垫铁装夹工件
1—平行垫铁　2—工件　3—钳体导轨面

件，常用压板压紧在铣床工作台上进行加工。用压板装夹工件，在卧式铣床上用面铣刀进行铣削的方法应用广泛。压板有很多种形状，可适应各种不同形状工件的装夹需要。在铣床上用压板装夹工件，主要使用压板、垫铁、T形螺栓（T形螺母）及螺母等。使用压板夹紧工件时，应选择两块以上的压板，压板的一端搭在工件上，另一端搭在垫铁上，垫铁的高度应等于或略高于工件被压紧部位的高度，螺栓与工件间的距离应尽量短。使用压板时，螺母和压板平面之间应垫有垫片，如图1-10所示。

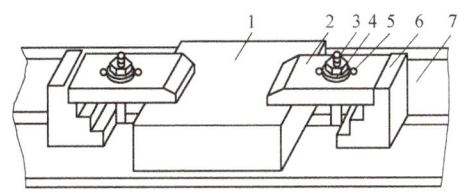

图1-10 用压板装夹工件

1—工件 2—压板 3—T形螺栓 4—螺母 5—垫圈
6—台阶垫铁 7—工作台台面

## 三、装夹工件的注意事项

**1. 在机用平口钳上装夹工件的注意事项**

1）安装机用平口钳时，应擦净钳座底面和工作台面；安装工件时，应擦净钳口铁平面、钳体导轨面和工件表面。

2）用平行垫铁装夹工件时，所选垫铁的平面度、平行度、相邻表面的垂直度应符合要求，垫铁表面应具有一定的硬度。

**2. 用压板装夹工件时的注意事项**

1）在铣床工作台面上，不允许拖拉表面粗糙的毛坯件，夹紧时应在毛坯件与工作台面间垫纯铜皮，以免损伤工作台面。

2）用压板夹紧已加工表面时，应在压板与工件表面间垫纯铜皮，以免夹伤已加工表面。

3）压板的位置要放置正确，应压在工件刚性最好的部位，以防止工件产生变形。如果工件夹紧部位有悬空现象，应将工件垫实。

4）螺栓要拧紧，防止铣削时因夹紧力不够而使工件移动，损坏工件、刀具和机床。

### 课后练习

1. 简述机用平口钳的结构。
2. 安装机用平口钳时怎样进行找正？
3. 怎样在机用平口钳上安装和找正工件？
4. 怎样用压板装夹工件？
5. 装夹工件时应注意哪些事项？

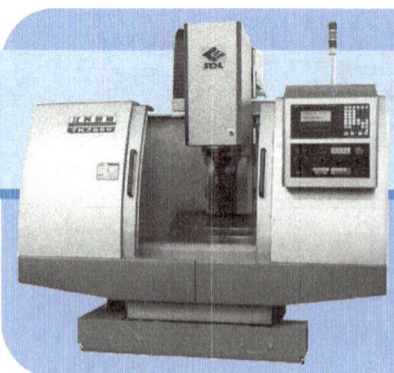

# 项目二

## 面的铣削

平面的铣削是铣削加工中最基本也是最常见的,是必须掌握的基本操作内容。

## 任务一　铣削平面

### 任务描述

用铣削方法加工工件的平面称为铣平面。铣平面是铣床加工的基本工作内容,也是铣削加工的基础。平面质量的好坏主要从平面度和表面粗糙度两个技术指标来衡量。本任务将加工图 2-1 所示的工件。

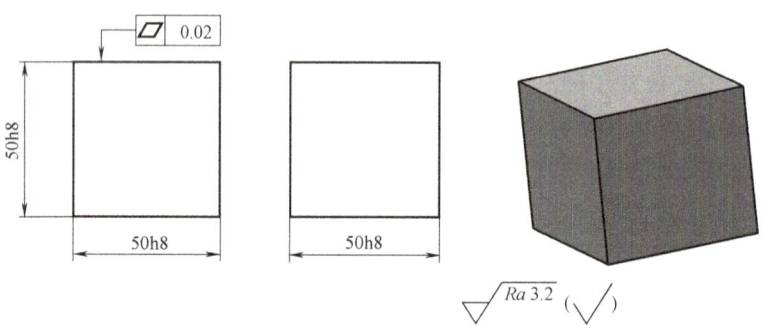

图 2-1　平面工件(一)

### 学习目标

1)掌握铣刀和切削用量的选择方法。
2)了解顺铣和逆铣的特点。
3)掌握铣削平面的方法、步骤和检测方法。
4)熟知铣削平面时产生废品的原因和预防措施。

# 知识链接

## 一、铣削方式

**1. 顺铣与逆铣**

铣削有顺铣和逆铣两种方式,具体见表2-1。

表2-1 顺铣与逆铣

| | 圆周铣时的顺铣 | 圆周铣时的逆铣 |
|---|---|---|
| 表达方式 | 铣刀和工件接触处的旋转方向与工件进给方向相同 | 铣刀和工件接触处的旋转方向与工件进给方向相反 |
| 优点 | 1) 铣刀作用在垂直方向上的分力 $F_N$ 始终向下,对工件起压紧作用,因此铣削平稳<br>2) 铣刀切削刃切入工件时的切屑厚度最大,并逐渐减小为零,切削刃切入容易,故工件的被加工表面质量较好<br>3) 消耗在进给运动方面的功率较小 | 1) 当工件是有硬皮或杂质的毛坯件时,对铣刀切削刃损坏的影响较小<br>2) 铣削力 $F_c$ 在进给方向的分力 $F_f$ 与进给方向相反,不会拉动铣床工作台 |
| 缺点 | 1) 铣刀切削刃易磨损<br>2) 容易损坏铣刀或机床 | 1) 铣削力 $F_c$ 在垂直方向上的分力 $F_N$ 始终向上,工件需要较大的夹紧力<br>2) 消耗在进给运动方向上的功率较大 |
| 示意图 | | |

**2. 对称铣与非对称铣**

端铣时,根据铣刀与工件之间的相对位置不同,分为对称铣削与非对称铣削两种,端铣同样存在着顺铣和逆铣,具体见表2-2。

表2-2 对称铣与非对称铣

| | 对称铣 | 非对称逆铣 | 非对称顺铣 |
|---|---|---|---|
| 表达方式 | 铣刀轴线位于铣削弧长的对称中心位置,铣刀每个刀齿切入和切离工件时切削厚度相等,称为对称铣 | 铣刀轴线偏置于铣削弧长的对称位置,且逆铣部分大于顺铣部分的铣削方式,称为不对称逆铣 | 其特征与不对称逆铣正好相反 |
| 特点 | 对称铣削具有最大的均匀切削厚度,可避免铣刀切进时对工件表面的挤压、滑行,铣刀寿命长 | 不对称逆铣切削平稳,切入时切削厚度小,减小了冲击,从而使刀具寿命和加工表面质量得到提高 | 这种切削方式一般很少采用,但用于铣削不锈钢和耐热合金钢时,可减小硬质合金刀具的剥落和磨损 |
| 适用范围 | 适用于工件宽度接近面铣刀的直径,且铣刀刀齿较多的情况 | 适合于加工碳钢、低合金钢及较窄的工件 | 适用于加工难加工的材料 |

(续)

| | 对称铣 | 非对称逆铣 | 非对称顺铣 |
|---|---|---|---|
| 示意图 | 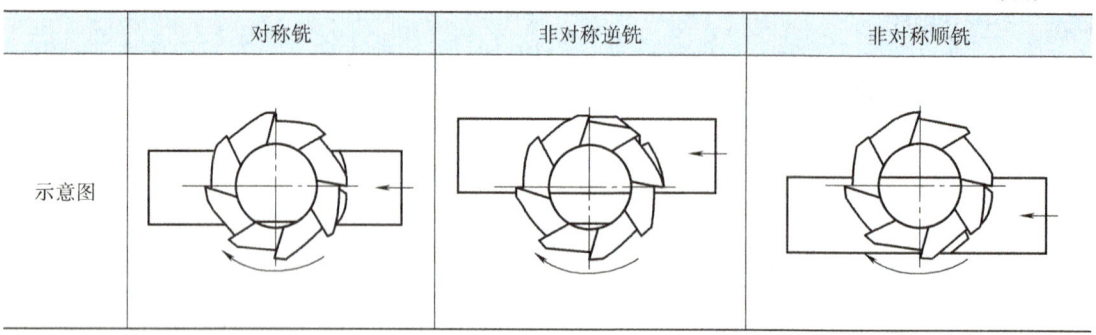 | | |

## 二、平面的铣削方法

在铣床上铣削平面的方法有圆周铣和端铣两种，具体见表2-3。

表 2-3　圆周铣与端铣

| 铣削平面的方法 | 说　明 | 加工过程图示 |
|---|---|---|
| 圆周铣（简称周铣） | 利用分布在圆柱面上的切削刃来铣削并形成平面。因铣刀切削刃较多，加工平面时有微小的波纹，要想获得较小的表面粗糙度值，可降低工件进给速度，同时提高铣刀的旋转速度。用圆周铣的方法铣出的平面，其平面度误差的大小主要取决于铣刀的圆柱度误差。精铣时，要求铣刀的圆柱度误差小于工件的平面度公差 | |
| 端铣 | 利用分布在铣刀端面上的切削刃来铣削并形成平面。用面铣刀在立式铣床上进行端铣，铣出的平面与铣床工作台台面平行。端铣也可以在卧式铣床上进行，铣出的平面与铣床工作台台面垂直。用端铣方法铣出的平面，也有一条条刀纹，刀纹的粗细（影响表面粗糙度值的大小）同样与工件进给速度的快慢和铣刀转速的高低等因素有关 | |

用端铣方法铣出的平面，其平面度误差的大小，主要决定于铣床主轴轴线与进给方向的垂直度误差。若铣床主轴轴线与进给方向垂直，则铣出表面分布有网状的刀纹，如图 2-2 所示，若铣床主轴轴线与进给方向不垂直，则铣出的平面呈凹面并有弧形刀纹，如图 2-3 所示。如果铣削时进给方向是从刀尖高的一端移向刀尖低的一端，还会产生"拖刀"现象。因此，端铣平面时，应找正铣床主轴轴线与进给方向的垂直度。

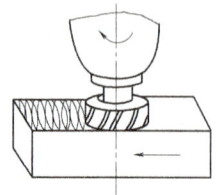　　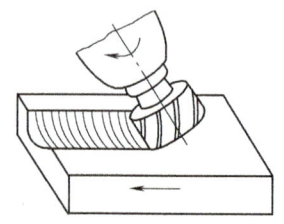

图 2-2　铣床主轴轴线与进给方向垂直　　　　图 2-3　铣床主轴轴线与进给方向不垂直

圆周铣与端铣的特点见表2-4。

表2-4　圆周铣与端铣的特点

| | 圆　周　铣 | 端　　铣 |
|---|---|---|
| 特点 | 1）周铣铣刀刀杆较长，轴径较小，同时工件的刀齿比较小，故容易使刀杆产生弯曲变形，引起振动<br>2）周铣铣刀镶硬质合金刀片比较困难，背吃刀量小，切削力大，效率低<br>3）周铣铣刀在铣削宽度较大的工件时，一般采用接刀铣削，故留有接刀痕迹<br>4）周铣铣刀切削刃较多，加工平面有微小的波纹，表面较粗糙<br>5）用周铣的方法铣出的平面，其平面度误差的大小主要取决于铣刀的圆柱度误差，较难控制<br>6）圆柱铣刀可采用大的刃倾角，适用于难加工材料的铣削 | 1）端铣铣刀的刀杆伸出较短，刚性好，刀杆不易变形，振动小，铣削平稳，可用较大的切削用量<br>2）端铣在加工工件时参与切削的铣刀齿数较多，背吃刀量变化小，切削力小，效率高<br>3）端铣铣刀直径较大，能铣出较宽的平面，无需接刀<br>4）端铣铣刀副切削刃对已加工表面有修光作用，可降低表面粗糙度值<br>5）端铣铣刀刀片的装夹、刃磨方便，而且平面度不受刀齿高低及半径差值的影响，便于进行高速切削和强力切削，铣出的平面精度高<br>6）端铣不适合铣削难加工材料 |
| 适用范围 | 加工成形面可采用周铣 | 用端铣方法加工工件质量较好，生产率较高，加工平面特别是加工大平面一般都用端铣法 |
| 比较 | 周铣和端铣在铣削单一平面时是分开的，在铣削台阶和沟槽等时，则往往是同时存在的 ||

## 三、找正铣床主轴轴线与工作台进给方向的垂直度

**1. 立铣头主轴轴线与工作台台面垂直度的找正**

先断开主轴电源开关，主轴转速选择为高速档转速。安装百分表，使其测头与工作台台面接触，测杆压缩0.2～0.3mm，记下百分表的读数，然后用手转动立铣头主轴180°，并记录读数，其读数差值在300mm长度上应不大于0.02mm，如图2-4所示。

**2. 卧式铣床主轴轴线与工作台纵向进给方向垂直度的找正**

（1）用回转盘刻度找正　此找正操作简单，但精度不高，适于一般要求的工件铣削。找正时，只需将回转盘的"零"刻线对准鞍座上的基准线。

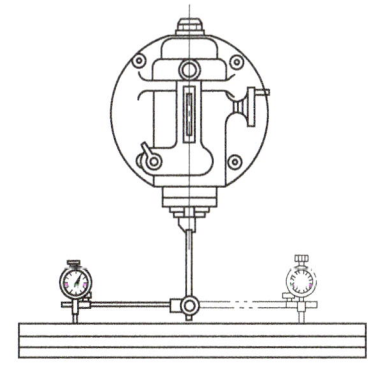

图2-4　用百分表找正立铣头

（2）用百分表进行找正　此找正精度较高。如图2-5所示，先安装百分表，将主轴转速置于高速档，在工作台侧面一端压表0.2～0.3mm后，把

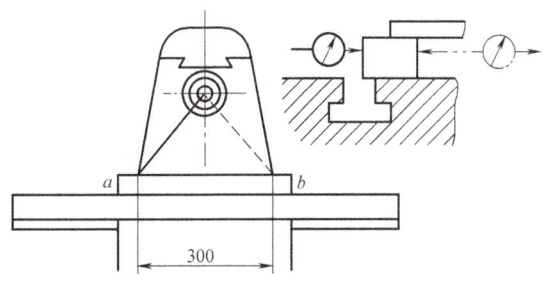

图2-5　用百分表找正卧式铣床工作台

百分表调"零";将主轴转180°并读数,读数在300mm长度上应小于0.03mm。如超差,则用木锤轻击工作台端部进行调整,并紧固工作台。

## 任务实施

### 一、铣削平面的步骤

**1. 确定铣削方法,选择铣刀**

1)在卧式铣床上用圆柱形铣刀周铣平面时,圆柱形铣刀的宽度应大于工件加工面的宽度。铣刀的直径:粗铣时按工件切削深度的大小而定,切削深度大,铣刀的直径也相应地选得大些;精铣时一般取较大的铣刀直径,这样铣刀杆直径相应较大,刚性较好,铣削时平稳,工件表面质量较好。在粗铣时选用粗齿铣刀,精铣时选用细齿铣刀。

2)用面铣刀铣平面时,面铣刀的直径应大于工件加工面的宽度,一般为其1.2~1.5倍。

**2. 装夹工件**

铣削中小型工件的平面时,一般采用机用平口钳装夹;铣削形状复杂、尺寸较大或不便于用机用平口钳装夹的工件时,可采用压板装夹。应按相应的要求和注意事项进行装夹。

**3. 确定铣削用量**

1)圆周铣时的侧吃刀量 $a_e$ 一般等于工件加工面的宽度。

2)圆周铣时的背吃刀量 $a_p$:粗铣时,若加工余量不多,则可一次切除;精铣时,一般为0.5~1mm。

3)每齿进给量 $f_z$ 一般取0.02~0.3mm/z,粗铣时可取得大些,精铣时则应取得小些。

4)铣削速度 $v_c$:用高速工具钢铣刀铣削时,一般取16~35m/min,粗铣时应取较小值,精铣时应取较大值;用硬质合金面铣刀进行高速铣削时,一般取12~80m/min。

**4. 铣削工件**

在卧式或立式升降台铣床上铣削时,都是由工作台带着工件向铣刀方向移动来完成工件与铣刀的相对位置的调整和实现铣削运动的。移动工作台的方法有手动和机动两种,铣削位置的调整和工件趋近铣刀的运动一般多用手动完成;连续进给实现铣削则多用机动方式。

在调整工件的铣削位置时,如果不慎将手柄摇过了头,应将手柄倒转1/2~1圈后,再重新摇动手柄,仔细地转到规定的位置上,以消除丝杠与螺母间的间隙,防止尺寸出现错误。

### 二、平面铣削的质量分析

平面铣削的质量主要是指平面度和表面粗糙度,它不仅与铣削时所选用的铣床、夹具和铣刀的质量好坏有关,而且还与铣削用量和切削液的合理选用等因素有关。

**1. 影响平面度的因素**

1)圆周铣削时圆柱形铣刀的圆柱度误差和端铣时铣床主轴轴线与进给方向的垂直度误差。

2）工件在夹紧力和铣削力作用下的变形；工件存在内应力，使铣削后零件变形；铣削热引起工件的热变形。

3）铣床工作台进给运动的直线度误差，铣床主轴轴承的轴向和径向间隙大。

4）铣削时，圆柱铣刀的宽度或面铣刀的直径小于被加工面的宽度而接刀，产生接刀痕。

**2. 影响表面粗糙度的因素**

1）铣刀磨损，刀具刃口变钝。
2）进给量、背吃刀量太大。
3）铣刀的几何参数选择不当，铣削时振动过大，铣削时有拖刀现象。
4）铣削时切削液选择不当，铣削时有积屑瘤产生或切屑粘刀现象。
5）铣削中进给停顿，使铣刀下沉，在工件加工面上切出凹坑（俗称"深啃"）。

### 三、铣削平面的注意事项

1）铣削前先检查铣刀盘、铣刀头和工件装夹是否牢固，安装位置是否正确。
2）开机前应注意铣刀盘和铣刀头是否与工件、机用平口钳相撞。
3）铣刀旋转后，应检查铣刀旋转方向是否正确。
4）应开机对刀调整背吃刀量。若手柄摇过头，则要消除丝杠与螺母间的间隙，以免铣错尺寸。
5）铣削中不准用手摸工件和铣刀，不准测量工件，不准变换进给量。
6）铣削中不准停止铣刀旋转和工作台自动进给，以免损坏刀具，啃伤工件。
7）进给结束，工件不能立即在旋转的铣刀下面退回，应先降落工作台，然后再退出工件。
8）不使用的进给机构应紧固，工作完毕再松开。
9）用机用平口钳装夹工件时，将机用平口钳扳手取下后再自动进给铣削工件。
10）切屑应飞向床身一侧，以免烫伤操作者。
11）对刀试切，调整和安装铣刀头时，注意不要损伤刀片刃口。
12）如采用四把铣刀头，可将铣刀头安装成台阶状切削工件。

### 四、加工过程

加工图 2-1 所示的工件。

**1. 准备工作**

1）毛坯件：材料为 45 钢，毛坯尺寸为 55mm×55mm×55mm。
2）设备：X6132 型卧式万能升降台铣床。
3）工具：机用平口钳、圆周铣刀、面铣刀、垫铁、铜锤、划针盘、游标卡尺、百分表、磁力表座。

**2. 铣削步骤**

工件的装夹与找正、刀具的装夹过程略，按表 2-5 所列步骤进行铣削加工。

**3. 检验**

加工完毕后卸下工件，仔细测量各部分尺寸，平面度误差用百分表检测。

表 2-5　铣削步骤

| 序号 | 操作步骤 | 加工示意图 | 操作方法及加工内容 |
|---|---|---|---|
| 1 | 粗铣平面 | 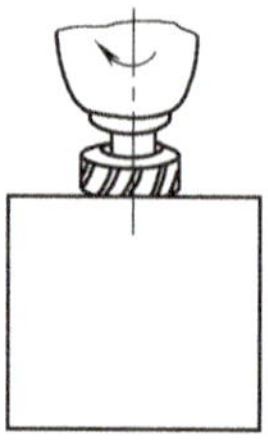 | 用面铣刀粗铣平面,背吃刀量为 2mm,每齿进给量取 0.3mm/z,铣削速度取 20m/min |
| 2 | 精铣平面 | 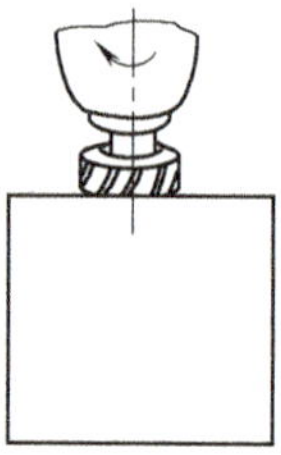 | 用面铣刀精铣平面,背吃刀量为 1mm,每齿进给量取 0.05mm/z,铣削速度取 30m/min |
| 3 | 粗、精铣其他平面 | 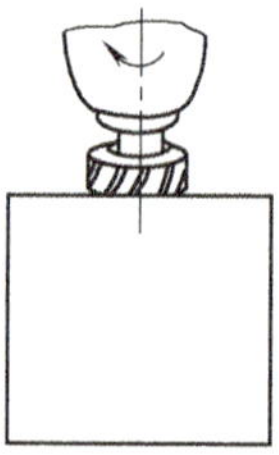 | 方法同上,保证尺寸 |
| 4 | 质量检测 |  | 检验工件是否达到图样要求 |

**4. 完工**

将工件送交检验后,清点工具,清扫工作场地。

## 任务评价

根据表 2-6 的要求检测工件,并将检测结果填入表中。

表 2-6 工件检测评价表

| 序号 | 检测项目 | 考核内容 | 配分 | 评分标准 | 检测结果 | 得分 |
|---|---|---|---|---|---|---|
| 1 | 外形尺寸 | 50h8 | 10 | 超差不得分 | | |
| | | 50h8 | 10 | 超差不得分 | | |
| | | 50h8 | 10 | 超差不得分 | | |
| 2 | 几何公差 | ▱ 0.02 | 15 | 超差不得分 | | |
| 3 | 表面结构 | $\sqrt{Ra\ 3.2}$ | 20 | 一处不合格扣3分 | | |
| 4 | 工具设备的使用与维护 | 正确、规范使用工具、量具、刃具,合理保养及维护工具、量具、刃具 | 5 | 不符合要求酌情扣1~5分 | | |
| | | 正确、规范使用设备,合理保养及维护设备 | 5 | 不符合要求酌情扣1~5分 | | |
| | | 操作姿势、动作正确 | 5 | 不符合要求酌情扣1~5分 | | |
| 5 | 安全生产及其他 | 安全文明生产,遵守国家有关法规和企业的有关规定 | 5 | 不符合要求酌情扣1~5分 | | |
| | | 操作、工艺规程正确 | 5 | 不符合要求酌情扣1~5分 | | |
| 6 | 完成任务时间 | 45min | 10 | 每超过10min扣5分,超过20min为不合格 | | |
| 总分 | 100 | | 最后得分: | | 指导教师签字: | |

## 课后练习

1. 铣削平面时,平面质量的好坏怎样来衡量?
2. 什么是圆周铣?什么是端铣?各有什么特点?
3. 装夹工件时有哪些基本要求?
4. 什么是顺铣?什么是逆铣?各有什么优缺点?圆周铣时一般采用哪一种铣削方式?为什么?
5. 端铣时的顺铣与逆铣如何判别?如何选用?
6. 练习加工图 2-6 所示工件。

# 铣削加工技术

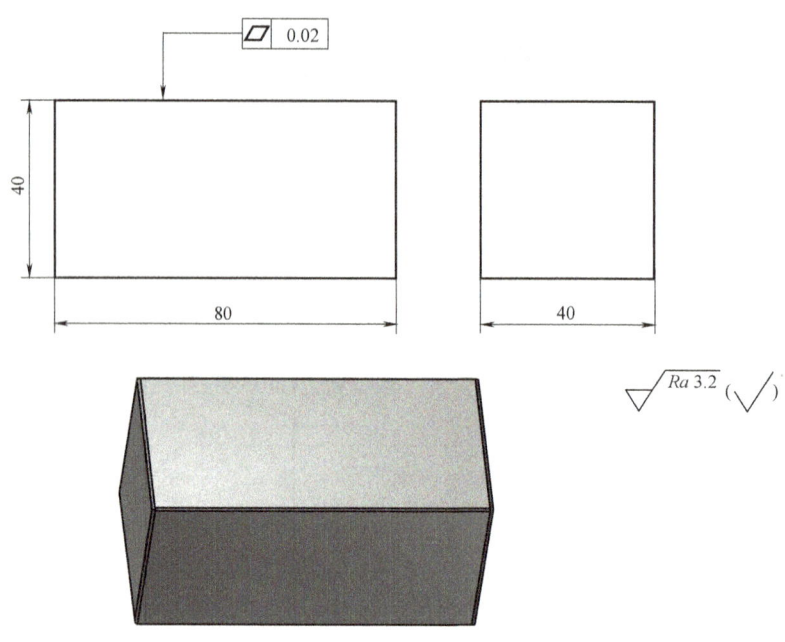

图 2-6　课后练习图

## 任务二　铣削垂直面和平行面

### 任务描述

垂直面和平行面的加工除了与单一平面加工一样需保证平面度和表面粗糙度要求外，还需要保证相对于基准平面的垂直度、平行度以及与基准面间的尺寸精度要求。

加工图 2-7 所示的工件，它由 6 个平面组成，故又称六面体，各平面之间有一定的位置精度和尺寸精度要求，如要求上平面 3 与底面 1 平行，且有尺寸精度要求；侧面 2 应与底面

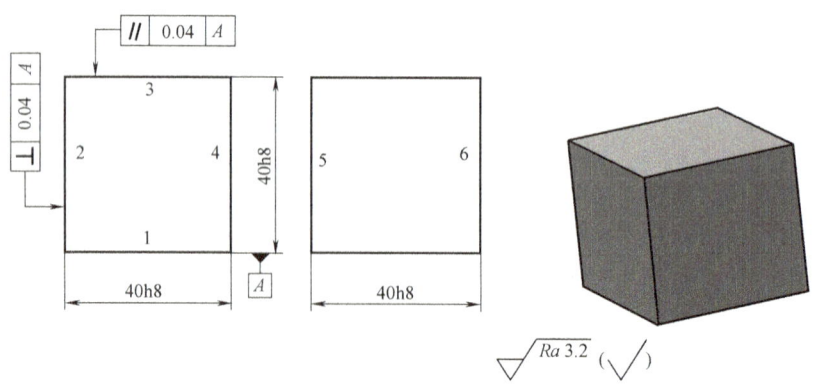

图 2-7　平面工件（二）

1垂直。显然，底面 1 是各连接面的基准面，应首先加工，并用它作为加工其余各面的基准平面。

## 学习目标

1) 了解铣垂直面、平行面的加工顺序和基准面的选择方法。
2) 掌握垂直度、平行度公差的标注方法。
3) 掌握铣垂直面、平行面的加工方法与步骤。
4) 学会垂直度、平行度公差的检测方法。

## 知识链接

垂直面指与基准面垂直的平面，平行面指与基准面平行的平面。垂直面和平行面的铣削见表 2-7。

表 2-7 垂直面和平行面的铣削

| 类别 | 铣削方式 | 适用范围 | 图示 |
| --- | --- | --- | --- |
| 垂直面的铣削 | 在卧式铣床上用机用平口钳装夹进行铣削 | 适于铣削较小的工件 | 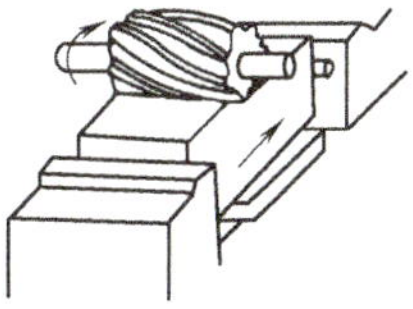 |
| | 在卧式铣床上用角铁装夹进行铣削 | 适用于基准面较宽而加工面比较窄的工件的铣削 | 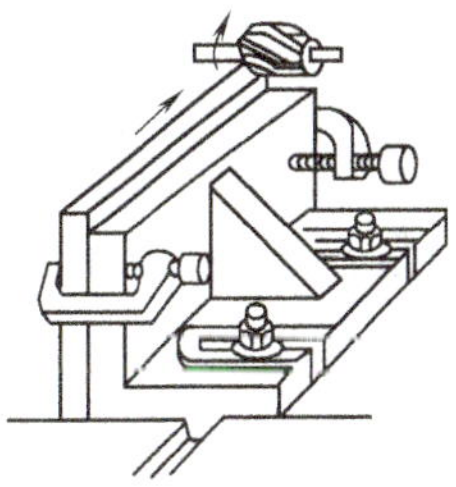 |
| | 在立式铣床上用立铣刀进行铣削 | 对基准面宽而长、加工面较窄的工件，可以在立式铣床上用立铣刀加工 | 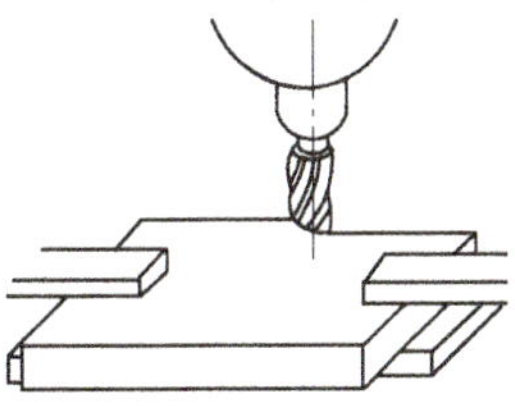 |
| | 用面铣刀铣垂直面 | 适用于较小工件的垂直面的铣削 | 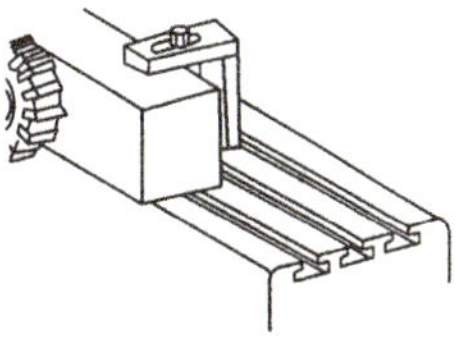 |

（续）

| 类别 | 铣削方式 | 适用范围 | 图示 |
| --- | --- | --- | --- |
| 平行面的铣削 | 用圆周铣刀在立式铣床上铣削平行面 | 适用于较大工件的平行面的铣削 | |
| | 用面铣刀在卧式铣床上铣平行面 | 适用于没有台阶的工件的平行面的铣削 | |

## 任务实施

### 一、铣削时影响垂直度、平行度的主要因素

影响垂直度的主要因素有：固定钳口面与工作台面的垂直度误差、基准面与固定钳口贴合不紧密、圆柱形铣刀的圆柱度误差大、基准面的平面度误差大及夹紧力过大等。

影响平行度的主要因素有：基准面与机用平口钳钳体导轨面不平行、机用平口钳钳体导轨面与铣床工作台台面不平行及圆柱形铣刀的圆柱度误差大等。

### 二、工件的检测

**1. 垂直度的检测**

1）用宽座直角尺检测垂直度，方法如图 2-8 所示。

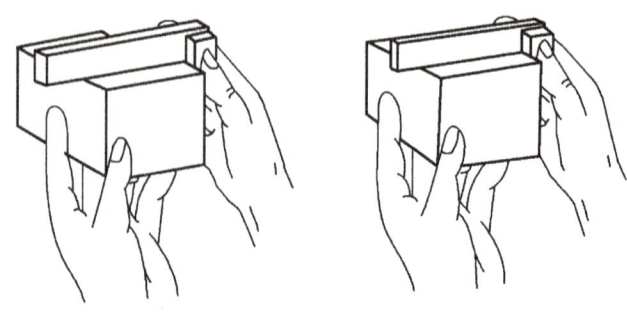

图 2-8　用宽座直角尺检测垂直度

2）在平板上检测垂直度。把标准角铁放在平板上，将工件用C形夹头夹在角铁上，工件下面垫上圆棒，用百分表检测垂直度。

**2. 表面粗糙度的检测**

用标准样板进行比较测定或根据经验目测表面粗糙度 Ra 值，应小于 3.2μm。

**3. 平行度与尺寸精度的检测**

用游标卡尺或千分尺检测平行度与尺寸精度。

### 三、垂直面和平行面的铣削质量分析

垂直面和平行面的铣削质量主要是指垂直面的垂直度、平行面的平行度、平行面之间的尺寸精度。

**1. 影响垂直度和平行度的因素**

1）机用平口钳固定钳口与工作台台面不垂直，铣出的平面与基准面不垂直。
2）平行垫铁不平行或圆柱形铣刀有锥度，铣出的平面与基准面不垂直或不平行。
3）铣端面时固定钳口未找正好，铣出的端面与基准面不垂直。
4）装夹时夹紧力过大，引起工件变形，铣出的平面与基准面不垂直或不平行。

**2. 影响平行面之间尺寸精度的因素**

1）调整背吃刀量时看错刻度盘，手柄摇过头，没有消除丝杠与螺母间的间隙，直接退回，造成尺寸铣错。
2）读错图样上标注的尺寸，测量时错误。
3）工件或平行垫铁的平面没有擦净，垫有杂物，使尺寸发生了变化。
4）精铣对刀时切痕太深，调整背吃刀量时没有去掉切痕，使尺寸铣小。

### 四、操作中的注意事项

1）调整侧吃刀量时，若手柄摇过头，应注意消除丝杠与螺母间的间隙，以免尺寸出错。
2）铣削时不使用的进给机构应紧固，工作完毕再松开。
3）铣削过程中每次重新装夹工件前，应及时用锉刀修整工件上的锐边和去除毛刺，但不要锉伤工件的已加工表面。
4）用铜锤、木锤轻击工件，以防砸伤工件已加工表面；或垫一木块，再用锤子敲击。
5）精铣时，工件的夹紧力要适当，以防止工件变形。

### 五、加工过程

加工图 2-7 所示工件。

**1. 准备工作**

1）毛坯件：材料为 45 钢，毛坯尺寸为 45mm×45mm×45mm。
2）设备：X6132 型卧式万能升降台铣床。
3）工具：机用平口钳、圆周铣刀、垫铁、铜锤、划针盘、游标卡尺、百分表、磁力表座。

## 2. 铣削步骤

工件的装夹与找正、刀具的装夹过程略，按表 2-8 所列步骤进行铣削加工。

表 2-8　铣削步骤

| 序号 | 操作步骤 | 加工示意图 | 操作方法及加工内容 |
| --- | --- | --- | --- |
| 1 | 确定基准、找正 |  | 使机用平口钳固定钳口与铣床主轴轴线垂直安装。以平面 4 为粗基准，靠向固定钳口，两钳口与工件间垫纯铜皮装夹工件，并夹紧、找正 |
| 2 | 铣基准平面 1 |  | 用圆周铣刀粗、精铣基准平面 1 |
| 3 | 铣平面 2 |  | 以平面 1 为精基准靠向固定钳口，在活动钳口与工件间置圆棒装夹工件并夹紧，粗、精铣平面 2。此时工件平面 5 向前 |
| 4 | 铣平面 4 |  | 仍以平面 1 为基准靠向固定钳口，将工件翻转 180°，用相同的方法装夹工件并夹紧，粗、精铣平面 4。此时工件平面 6 向前 |
| 5 | 铣平面 3 |  | 以平面 1 为基准靠向机用平口钳钳体导轨面上的平行垫铁，平面 4 靠向固定钳口，去掉圆棒，装夹工件并夹紧，粗、精铣平面 3 |

(续)

| 序号 | 操作步骤 | 加工示意图 | 操作方法及加工内容 |
|---|---|---|---|
| 6 | 铣平面5的装夹 | 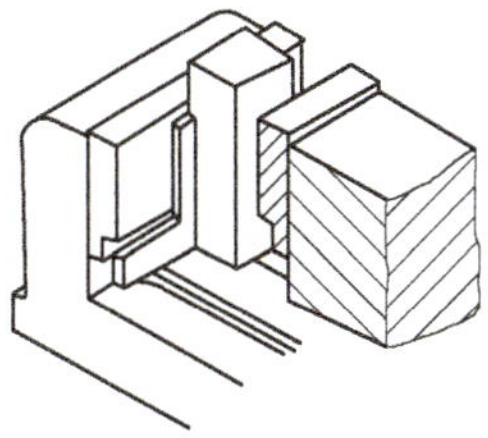 | 使固定钳口与铣床主轴轴线平行安装。以平面1为基准靠向固定钳口，用直角尺找正工件平面2与平口钳钳体导轨面垂直 |
| 7 | 铣平面5 | 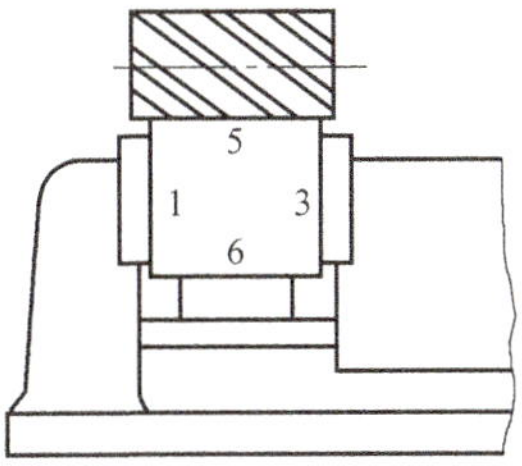 | 用圆周铣刀粗、精铣基准平面5 |
| 8 | 铣平面6 | 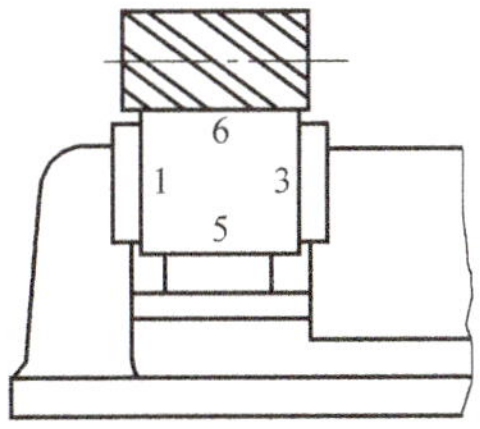 | 以平面1为基准靠向固定钳口，平面5靠向机用平口钳钳体导轨面的平行垫铁，装夹工件并夹紧，粗、精铣平面6 |
| 9 | 质量检测 | 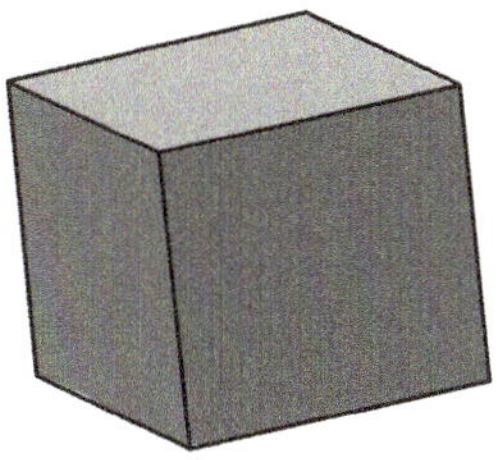 | 检验工件是否达到图样要求 |

**3. 检验**

加工完毕后卸下工件，仔细测量各部分尺寸，平面度误差用百分表检测。

**4. 清理**

将工件送交检验后，清点工具，清扫工作场地。

## 任务评价

根据表2-9的要求检测工件，并将检测结果填入表中。

表 2-9　工件检测评价表

| 序号 | 检测项目 | 考核内容 | 配分 | 评分标准 | 检测结果 | 得分 |
|---|---|---|---|---|---|---|
| 1 | 外形尺寸 | 40h8 | 10 | 超差不得分 | | |
| | | 40h8 | 10 | 超差不得分 | | |
| | | 40h8 | 10 | 超差不得分 | | |
| 2 | 几何公差 | ∥ 0.04 A | 10 | 超差不得分 | | |
| | | ⊥ 0.04 A | 10 | 超差不得分 | | |
| 3 | 表面结构 | Ra 3.2 | 15 | 一处不合格扣 3 分 | | |
| 4 | 工具设备的使用与维护 | 正确、规范使用工具、量具、刃具，合理保养及维护工具、量具、刃具 | 5 | 不符合要求酌情扣 1～5 分 | | |
| | | 正确、规范使用设备，合理保养及维护设备 | 5 | 不符合要求酌情扣 1～5 分 | | |
| | | 操作姿势、动作正确 | 5 | 不符合要求酌情扣 1～5 分 | | |
| 5 | 安全生产及其他 | 安全文明生产，遵守国家有关法规和企业的有关规定 | 5 | 不符合要求酌情扣 1～5 分 | | |
| | | 操作、工艺规程正确 | 5 | 不符合要求酌情扣 1～5 分 | | |
| 6 | 完成任务时间 | 45mim | 10 | 每超过 10min 扣 5 分，超过 20min，为不合格 | | |
| 总分 | 100 | 最后得分： | | 指导教师签字： | | |

## 课后练习

练习加工图 2-9 所示工件。

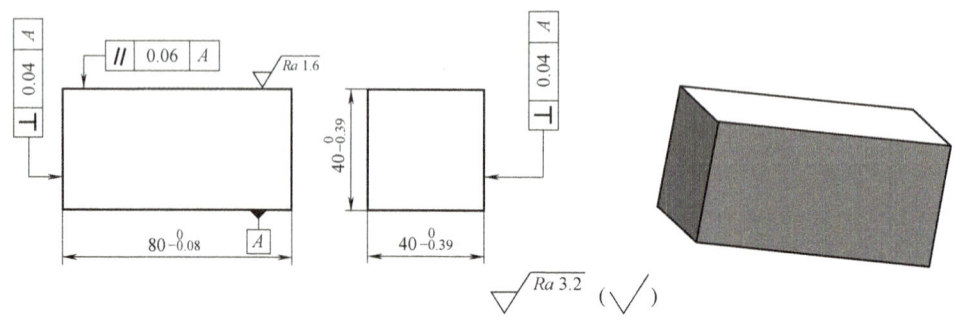

图 2-9　课后练习图

## 任务三　铣削斜面

### 任务描述

零件上与基准面成任意倾斜角度的平面，称为斜面。铣削斜面时，工件、铣床、铣刀之间的关系必须满足两个条件：一是工件的斜面应平行于铣削时铣床工作台的进给方向；二是工件的斜面应与铣刀的切削位置相吻合，用圆周铣刀铣削时，斜面与铣刀的外圆柱面相切；用面铣刀铣削时，斜面与铣刀的端面相重合。本任务将加工图 2-10 所示的工件。

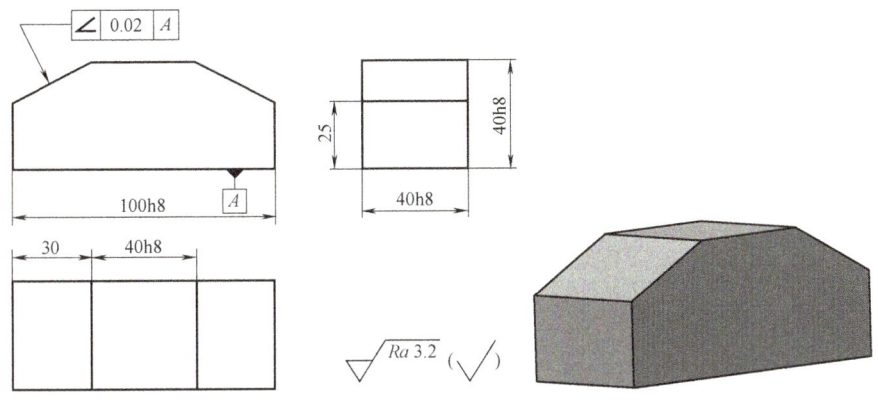

图 2-10　带斜面工件

### 学习目标

1）了解铣斜面的加工顺序和基准面的选择方法。
2）掌握铣斜面的加工方法与步骤。
3）掌握斜面工件的检测方法。
4）能针对斜面工件的质量问题进行分析并采取预防措施。

### 知识链接

斜面的铣削方法见表 2-10。

表 2-10　斜面的铣削方法

| 类别 | 铣削方式 | 加工方法 | 图示 |
| --- | --- | --- | --- |
| 工件倾斜铣斜面 | 根据划线装夹工件铣斜面 | 将需要铣削斜面的工件在工作台上划好线，装在机用平口钳上进行加工。由于划线费时，找正工件也较慢，所以这种方法一般用于单件生产 | |

(续)

| 类别 | 铣削方式 | 加工方法 | 图　　示 |
|---|---|---|---|
| 工件倾斜铣斜面 | 调转机用平口钳钳体角度，用机用平口钳装夹工件铣斜面 | 安装机用平口钳，先找正固定钳口。按划线装夹工件，使待铣斜面与卧式铣床主轴轴线垂直或平行（在立式铣床上安装时固定钳口与工作台纵向进给方向平行或垂直）后，再通过机用平口钳底座上的刻线将钳体调转到所需角度对应的位置，装夹工件，铣出要求的斜面 | |
| | 用倾斜垫铁装夹工件铣斜面 | 使用倾斜垫铁使工件基准面倾斜，用机用平口钳装夹工件，铣出斜面。所用垫铁的倾斜程度需与斜面的倾斜程度相同，垫铁的宽度应小于工件宽度。用这种方法铣斜面，装夹、找正工件方便，倾斜垫铁制造容易，适用于小批量生产 | |
| | 把铣刀倾斜所需角度后铣斜面 | 在立铣头可扳转的立式铣床上，用机用平口钳或压板装夹工件，可以用安装在经扳转角度后的立铣头主轴上的立铣刀或面铣刀铣削要求的斜面 | |
| | 用角度铣刀铣斜面 | 角度铣刀铣斜面适用于较窄的斜面，铣双斜面时，应选用一对规格相同、刀齿刃口相反的角度铣刀，并将两把铣刀的刀齿错开半齿。也可以用带角度的立铣刀或面铣刀铣斜面 | |

## 一、工件检测

1) 斜面角度用游标万能角度尺检测。
2) 尺寸精度用游标卡尺或千分尺检测。

## 二、斜面铣削质量分析

**1. 影响斜面尺寸的因素**

1）看错刻度或摇错手柄转数,以及丝杠与螺母间的间隙过大。
2）测量不准,使尺寸铣错。
3）铣削过程中,工件有松动现象。

**2. 影响斜面倾斜角度的因素**

1）立铣头扳转角度不准确。
2）按划线装夹工件铣削时,划线不准确或铣削时工件产生位移。
3）采用圆周铣时,铣刀圆柱度误差大（有锥度）。
4）用角度铣刀铣削时,使用了重新刃磨后角度不准确的铣刀。
5）装夹工件时,机用平口钳的钳口、钳体导轨面及工件表面未擦净。

**3. 影响表面粗糙度的因素**

1）进给量太大。
2）铣刀不锋利。
3）机床、夹具刚性差,铣削中有振动。
4）铣削过程中,工作台进给或主轴回转突然停止,啃伤工件表面。
5）铣削钢件时未充分使用切削液,或切削液选用不当。

## 三、操作中的注意事项

1）铣削时要注意铣刀的旋转方向是否正确,开车前检查刀齿和工件的位置。
2）装夹工件时,不要夹伤已加工工件表面；铣刀不要铣到机用平口钳。

## 任务实施

加工图 2-11 所示工件。

**1. 准备工作**

1）毛坯件：材料为 45 钢,毛坯尺寸为 105mm×45mm×45mm。
2）设备：X6132 型卧式万能升降台铣床。
3）工具：机用平口钳、$\phi$60mm 立铣刀、垫铁、铜锤、划针盘、游标卡尺、百分表、磁力表座。

**2. 铣削步骤**（平行面铣削略）

工件的装夹与找正、刀具的装夹过程略,按表 2-11 所列步骤进行加工。

表 2-11　加工步骤

| 序号 | 操作步骤 | 加工示意图 | 操作方法及加工内容 |
| --- | --- | --- | --- |
| 1 | 铣平面 |  | 参见平行面与垂直面的铣削（其余略） |

(续)

| 序号 | 操作步骤 | 加工示意图 | 操作方法及加工内容 |
|---|---|---|---|
| 2 | 划线并安装工件 | 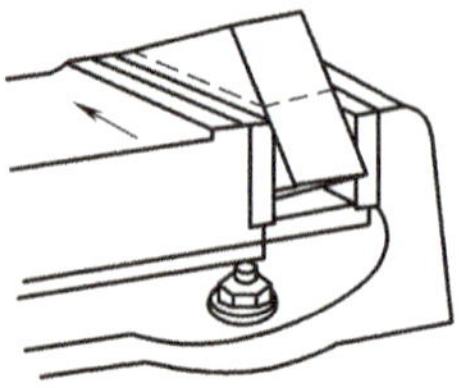 | 用划针盘按划好的线找正工件 |
| 3 | 铣削斜面 |  | 用立铣刀铣削平面 |
| 4 | 调头装夹,划线、铣斜面 | 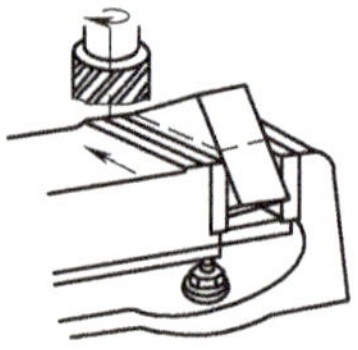 | 用立铣刀铣削平面 |
| 5 | 质量检测 | 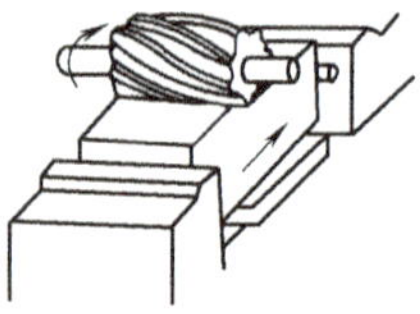 | 检验工件是否达到图样要求 |

## 任务评价

根据表 2-12 的要求检测工件,并将检测结果填入表中。

表 2-12 工件检测评价表

| 序号 | 检测项目 | 考核内容 | 配分 | 评分标准 | 检测结果 | 得分 |
|---|---|---|---|---|---|---|
| 1 | 外形尺寸 | 100h8 | 5 | 超差不得分 | | |
| | | 40h8 | 5 | 超差不得分 | | |
| | | 40h8 | 5 | 超差不得分 | | |
| | | 25 | 5 | 超差不得分 | | |
| | | 30 | 5 | 超差不得分 | | |
| | | 40h8 | 5 | 超差不得分 | | |

（续）

| 序号 | 检测项目 | 考核内容 | 配分 | 评分标准 | 检测结果 | 得分 |
|---|---|---|---|---|---|---|
| 2 | 几何公差 | ∠ 0.02 A | 20 | 超差不得分 | | |
| 3 | 表面结构 | $\sqrt{Ra\,3.2}$ | 15 | 一处不合格扣3分 | | |
| 4 | 工具设备的使用与维护 | 正确、规范使用工具、量具、刃具，合理保养及维护工具、量具、刃具 | 5 | 不符合要求酌情扣1~5分 | | |
| | | 正确、规范使用设备，合理保养及维护设备 | 5 | 不符合要求酌情扣1~5分 | | |
| | | 操作姿势、动作正确 | 5 | 不符合要求酌情扣1~5分 | | |
| 5 | 安全生产及其他 | 安全文明生产，遵守国家有关法规和企业的有关规定 | 5 | 不符合要求酌情扣1~5分 | | |
| | | 操作、工艺规程正确 | 5 | 不符合要求酌情扣1~5分 | | |
| 6 | 完成任务时间 | 45min | 10 | 每超过10min扣5分，超过20min为不合格 | | |
| 总分 | 100 | 最后得分： | | 指导教师签字： | | |

## 课后练习

练习加工图2-11所示的工件。

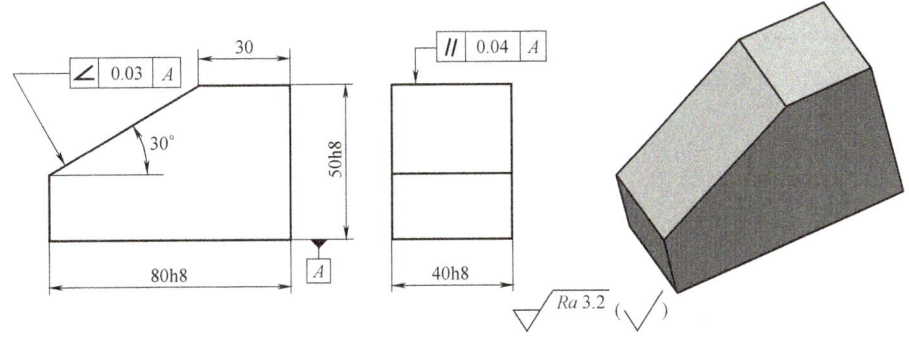

图2-11 课后练习图

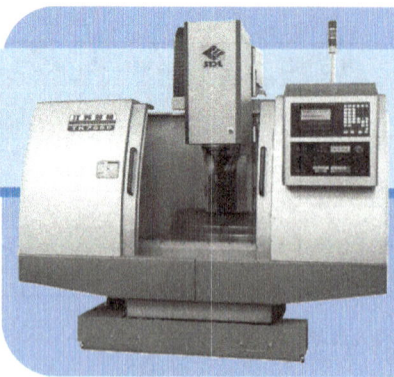

# 项目三 阶台和沟槽的铣削

阶台和沟槽的铣削在铣削加工中所占比例仅次于平面铣削,是必须掌握的铣削加工基本操作。

## 任务一　铣削阶台

### 任务描述

阶台的铣削是铣削加工的主要内容之一。阶台主要由平面组成,这些平面应具有较好的平面度和较小的表面粗糙度值;而需要与其他零件相配合的阶台,除上述要求外,还应满足较高的尺寸精度和表面粗糙度要求。图 3-1 所示为带阶台的工件。

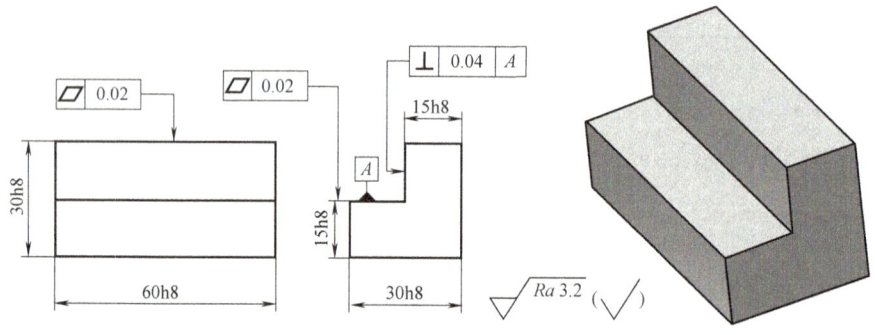

图 3-1　带阶台的工件

### 学习目标

1）掌握铣削阶台的基本方法、步骤及其检测方法。
2）掌握铣削阶台所用铣刀的相关知识及其使用方法。
3）学会分析铣削阶台时产生废品的原因并在铣削加工中进行预防。

### 知识链接

铣削阶台的方法一般有三面刃铣刀铣阶台、面铣刀铣阶台和立铣刀铣阶台三种。根据各自特点和具体铣削要求,阶台铣削加工方法都有一定的适用范围,参见表 3-1。

表 3-1 阶台的铣削方法

| 铣削方法 | 适用范围 | 铣削图示 |
| --- | --- | --- |
| 三面刃铣刀铣阶台 | 适合于铣削深度和宽度均较小的阶台。三面刃铣刀有直齿、错齿两种。铣削时,三面刃铣刀的圆柱面切削刃主要起到切削作用,两个侧面刃起修光作用 |  直齿铣刀　　错齿铣刀　　镶齿(错齿)铣刀 |
| | 用一把三面刃铣刀铣单面阶台,适合于铣削深度和宽度均较小的阶台 | 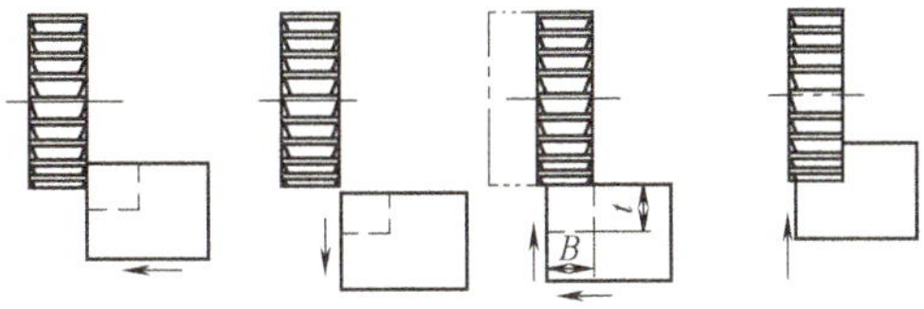 |
| | 用一把三面刃铣刀铣双面阶台,适合于铣削深度和宽度均较小的阶台 | 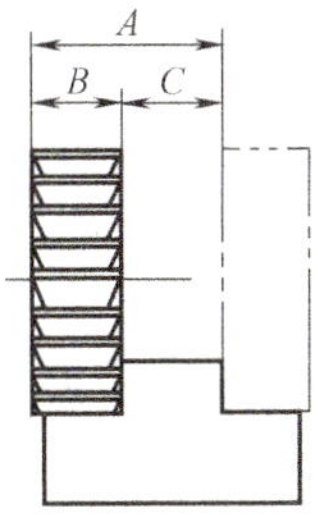 |
| | 用两把三面刃铣刀组合铣阶台,适合于铣削深度和宽度均较小的阶台 | 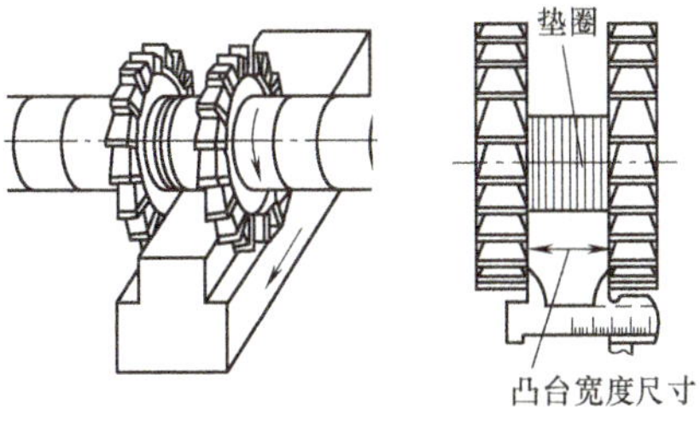 垫圈　　凸台宽度尺寸 |
| 面铣刀铣阶台 | 适用于宽度较大、深度较小的阶台的铣削 | 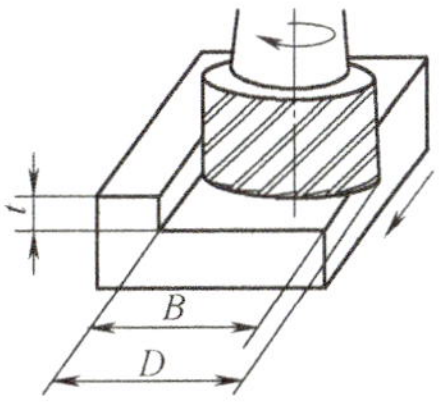 |

（续）

| 铣削方法 | 适用范围 | 铣削图示 |
|---|---|---|
| 立铣刀铣阶台 | 适用于深度较大的阶台或多级阶台的铣削 | 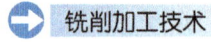 |

## 任务实施

### 一、铣削阶台的步骤

**1. 确定铣削方法，选择铣刀**

（1）用三面刃铣刀铣削阶台　在铣削宽度不太大（受三面刃铣刀的规格限制，一般$B < 25\text{mm}$）的阶台时，一般都会选择三面刃铣刀进行加工。三面刃铣刀的直径和刀齿尺寸都比较大，容屑槽也较大，因此刀齿强度大，排屑和冷却效果都比较好，生产率高。选择三面刃铣刀铣削工件时，需使铣刀的宽度 $L$ 与直径 $D$ 分别满足

$$L > B, D > d + 2t$$

式中　$d$——铣刀杆垫圈直径；

$t$——阶台深度。

在满足上式的条件下，应选用直径较小的三面刃铣刀，并尽可能选用错齿三面刃铣刀。

（2）用面铣刀铣削阶台　对于宽度较大且深度较小的阶台，通常使用面铣刀在立式铣床上进行铣削。面铣刀的特点为：刀杆刚度大、铣削时切屑厚度变化小、切削平稳、加工表面质量好、生产率较高。铣削时，所选用面铣刀的直径应大于阶台宽度，一般可按 $D = (1.4 \sim 1.6)B$ 选取。

（3）用立铣刀铣削阶台　深度较深的阶台或多级阶台，可用立铣刀在立式铣床上铣削阶台宽度，然后再将阶台精铣成形。由于立铣刀刚度小、强度较弱，铣削时可分几次粗铣出，选用的切削用量比使用三面刃铣刀铣削时要小，否则容易产生"让刀"甚至折断铣刀的现象。因此，在使用立铣刀铣削阶台时，一般采取分次粗铣出阶台宽度、最后将阶台的宽度和深度精铣至要求的方法避免上述现象的发生。

另外，在成批生产时，可采用两把三面刃铣刀组合铣削的方法铣削阶台，不仅可提高生产率，而且操作简单，并能保证工件质量。

**2. 装夹工件**

（1）一般（中小型）工件　采用机用平口钳装夹，并找正，使固定钳口垂直于铣床主轴轴线。

（2）尺寸较大工件　采用压板装夹。

（3）形状复杂的工件或大批量生产的工件　采用专用夹具装夹。

装夹工件时，应使工件的侧面靠向固定钳口，使工件的底面靠向钳体导轨面，需要铣削的阶台底面应高出钳口的上平面，以防止铣削过程中铣刀刮蹭钳口。

## 二、阶台的检测

阶台的检测难度不高。对于一般的阶台工件，可直接用游标卡尺和深度卡尺来检测；对于尺寸精度要求较高的阶台工件，可用外径千分尺或深度千分尺检测。双面阶台的凸台宽度较大时，可用千分尺检测；阶台深度较小不便使用千分尺或需要检测批量较大的阶台工件时，可用极限量规检测，如图3-2所示。

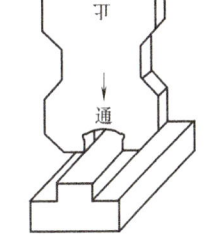

图3-2 用极限量规检测阶台

## 三、阶台加工质量分析

**1. 影响尺寸精度的因素**

1）工作台移动时尺寸不准。

2）测量不准确。

3）铣削中，铣刀受力不均匀，出现"让刀"现象。

4）铣刀摆差过大。

5）工作台"零位"不准，用三面刃铣刀铣阶台时会使阶台上窄下宽。

**2. 影响几何精度的因素**

1）机用平口钳固定钳口找正不准确，装夹压板时工件找正不准确，使铣出的阶台产生歪斜。

2）工作台"零位"不准，用三面刃铣刀铣削时不仅会使阶台上窄下宽，而且还会把阶台侧面铣成凹面。

3）立铣头"零位"不准，纵向进给用立铣刀铣削时，会将阶台底面铣成凹面。

**3. 影响表面粗糙度的因素**

1）铣刀变钝。

2）铣刀径向圆跳动误差太大。

3）铣削用量选择不当，尤其是进给量过大。

4）铣削钢件时没有使用切削液，或切削液选用不当。

5）铣削时振动太大，未使用的进给机构没有紧固，工作台产生窜动现象。

## 四、加工过程

加工图3-1所示工件。

**1. 准备工作**

1）毛坯件：材料为45钢，毛坯尺寸为65mm×35mm×35mm。

2）设备：X6132型卧式万能升降台铣床。

3）工具：机用平口钳、圆周铣刀、面铣刀、垫铁、铜锤、划针盘、游标卡尺、百分表、磁力表座。

## 2. 铣削步骤

工件的装夹与找正、刀具的装夹过程略，按表3-2所列步骤进行加工。

表3-2 操作步骤

| 序号 | 操作步骤 | 加工示意图 | 操作方法及加工内容 |
|---|---|---|---|
| 1 | 粗铣六个平面 | 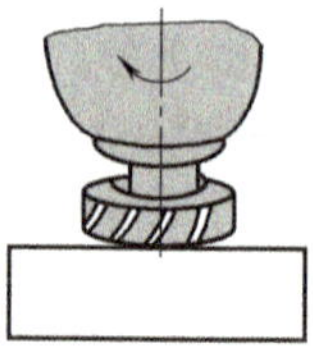 | 用面铣刀粗铣平面，背吃刀量为2mm，每齿进给量取0.3mm/z，铣削速度取20m/min |
| 2 | 精铣六个平面 | 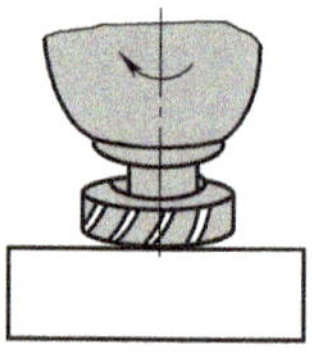 | 用面铣刀精铣平面，背吃刀量为0.5mm，每齿进给量取0.05mm/z，铣削速度取30m/min |
| 3 | 铣削阶台 | 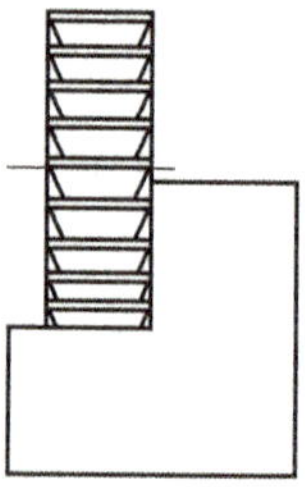 | 用三面刃铣刀多次铣削阶台 |
| 4 | 质量检测 | 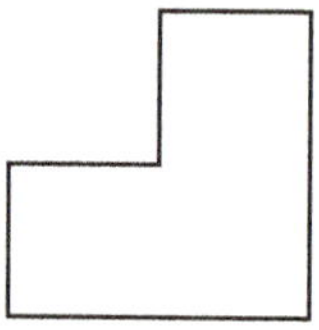 | 检验工件是否达到图样要求 |

## 3. 检验

加工完毕后卸下工件，仔细测量各部分尺寸，平面度用百分表检测。

## 4. 清理

将工件送交检验后，清点工具，清扫工作场地。

## 任务评价

根据表3-3的要求检测工件，并将检测结果填入表中。

表3-3 工件检测评价表

| 1 | 外形尺寸 | 60h8 | 5 | 超差不得分 | | |
|---|---|---|---|---|---|---|
| | | 30h8 | 5 | 超差不得分 | | |
| | | 30h8 | 5 | 超差不得分 | | |
| | | 15h8 | 5 | 超差不得分 | | |
| | | 15h8 | 5 | 超差不得分 | | |

（续）

| 2 | 几何公差 | ▱ 0.02 | 10 | 超差不得分 | | |
| | | ▱ 0.02 | 10 | 超差不得分 | | |
| | | ⊥ 0.04 A | 10 | 超差不得分 | | |
| 3 | 表面结构 | √Ra 3.2 | 10 | 一处不合格扣3分 | | |
| 4 | 工具设备的使用与维护 | 正确、规范使用工具、量具、刃具,合理保养及维护工具、量具、刃具 | 5 | 不符合要求酌情扣1~5分 | | |
| | | 正确、规范使用设备,合理保养及维护设备 | 5 | 不符合要求酌情扣1~5分 | | |
| | | 操作姿势、动作正确 | 5 | 不符合要求酌情扣1~5分 | | |
| 5 | 安全生产及其他 | 安全文明生产,遵守国家有关法规或企业的有关规定 | 5 | 不符合要求酌情扣1~5分 | | |
| | | 操作、工艺规程正确 | 5 | 不符合要求酌情扣1~5分 | | |
| 6 | 完成任务时间 | 45min | 10 | 每超过10min扣5分,超过20min为不合格 | | |
| 总分 | 100 | 最后得分： | | 指导教师签字： | | |

## 课后练习

加工图3-3所示工件。

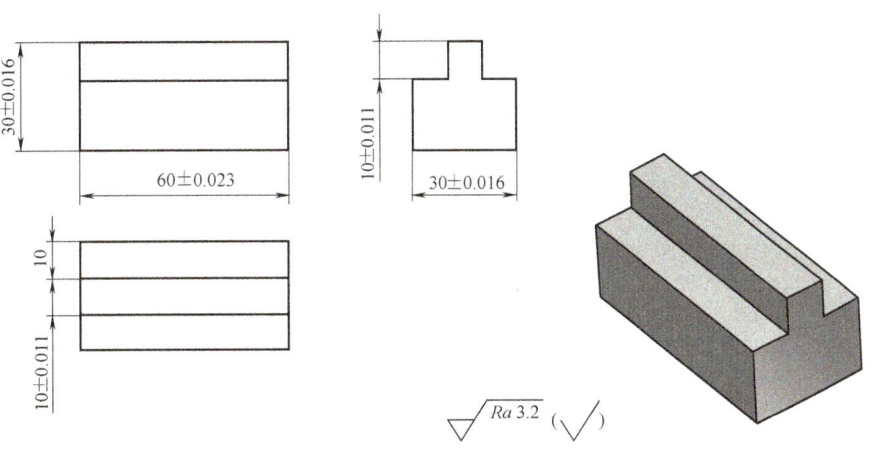

图3-3　课后练习图

## 任务二　铣削直角沟槽

### 任务描述

直角沟槽是铣削加工的内容之一,其结构有直角通槽、半通槽、封闭槽三种。图3-4所示为直角通槽工件。

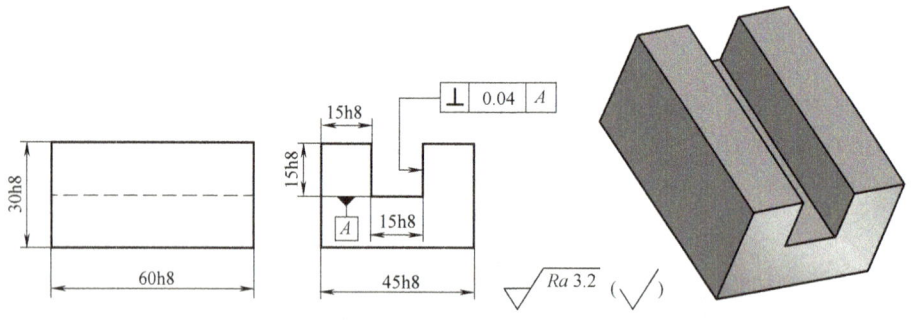

图3-4　直角通槽工件

### 学习目标

1)了解直角沟槽的种类。
2)掌握铣削直角沟槽铣刀的相关知识和使用方法。
3)掌握直角沟槽的铣削方法。
4)学会直角沟槽的测量方法。
5)了解直角沟槽的种类。

### 知识链接

构成直角沟槽结构的表面都是平面。铣削直角沟槽时,根据直角沟槽结构,通常选用三面刃铣刀、立铣刀或键槽铣刀。具体加工方法见表3-4。

表3-4　直角沟槽的铣削

| 铣削方式 | 铣削方法 | 铣削示意图 |
|---|---|---|
| 用三面刃铣刀铣直角通槽 | 铣刀规格选择:按$L=B,D>d+2H$进行选取<br>装夹方式:一般采用机用平口钳装夹,机用平口钳固定钳口应与铣床轴线垂直<br>对刀方法:划线法或侧擦法对刀 | $D>d+2H$　$L\leq B$ |

（续）

| 铣削方式 | 铣削方法 | 铣削示意图 |
|---|---|---|
| 用立铣刀铣半通槽和封闭槽 | 铣刀规格选择：立铣刀铣半通槽时，铣刀直径应小于或等于槽宽 由于立铣刀的刚性较差，铣削时易产生"偏让"现象，铣削深度较大的槽时，要分次铣削至要求槽深，再将槽两侧扩铣至要求槽宽 用立铣刀铣封闭槽时，应先在槽的一端预钻一个落刀孔（孔的直径应略小于槽宽），从落刀孔开始铣削 |  |
| 用键槽铣刀铣半通槽和封闭槽 | 用键槽铣刀铣半通槽时，铣刀直径应等于或略小于槽的宽度。加工深度较深的槽时，应分多次铣削至要求的深度，再将槽两侧扩铣至要求的宽度 |  |

## 任务实施

### 一、铣削直角沟槽的步骤

**1. 确定铣削方法，选择铣刀**

（1）铣直角通槽　选择三面刃铣刀。

（2）铣半通槽和封闭槽　选择立铣刀（精度要求不高）或键槽铣刀（精度较高，深度较浅）。

**2. 装夹工件**

方法与装夹阶台工件相同。

### 二、直角沟槽的检测

直角沟槽的长度、宽度用游标卡尺即可测量，深度则需用深度卡尺进行测量。槽的对称度用游标卡尺或百分表均可检测，检测方法如图3-5所示。

### 三、直角沟槽铣削的质量分析

直角沟槽铣削的质量主要指沟槽的尺寸精度和几何精度。

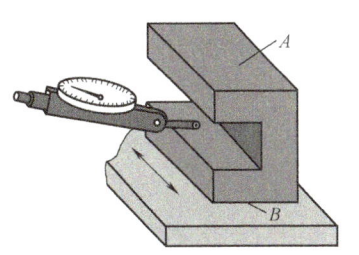

图3-5　直角沟槽对称度的检测

**1. 影响尺寸精度的因素**

1）用立铣刀和键槽铣刀采用"定尺寸刀具法"铣削沟槽时，铣刀的直径尺寸及其磨损、铣刀的圆柱度和铣刀的径向圆跳动等会产生一定的影响。

2）三面刃铣刀的轴向圆跳动误差太大，使槽宽尺寸铣大；径向圆跳动误差太大，使槽深铣深。

3）使用立铣刀或键槽铣刀铣沟槽时，产生"让刀"现象，或来回多次切削工件，将槽宽铣大。

4）测量不准或摇错刻度盘数值。

**2. 影响位置精度的因素**

1）工作台"零位"不准，使工作台纵向进给运动方向与铣床主轴轴线不垂直，用三面刃铣刀铣削时，将沟槽两侧面铣成弧形凹面，且呈上宽下窄（两侧面不平行）。

2）机用平口钳固定钳口未找正，使工件侧面（基准面）与进给运动方向不一致，铣出的沟槽歪斜（槽侧面与工件侧面不平行）。

3）选用的平行垫铁不平行，工件底面与工作台台面不平行，铣出的沟槽底面与工件底面不平行，槽深不一致。

4）对刀时，工作台横向位置调整不准；扩铣时将槽铣偏；测量时，尺寸测量不准确，按测量值调整进行铣削，使槽铣偏；铣削时，由于铣刀两侧受力不均（如两侧切削刃锋利程度不等）或单侧受力、铣床主轴轴承的轴向间隙较大以及铣刀刚性不够，使得铣刀向一侧偏让等。

**3. 影响形状精度的因素**

用立铣刀和键槽铣刀铣削沟槽时，影响形状精度的主要因素是铣刀的圆柱度误差。

**4. 影响表面粗糙度的因素**

与铣削阶台时相同。

### 四、加工过程

加工图 3-4 所示工件。

**1. 准备工作**

1）毛坯件：材料为 45 钢，毛坯尺寸为 65mm×50mm×35mm。

2）设备：X6132 型卧式万能升降台铣床。

3）工具：机用平口钳、$\phi$60mm 面铣刀、垫铁、铜锤、划针盘、游标卡尺、百分表、磁力表座。

**2. 铣削步骤**

工件的装夹与找正、刀具的装夹过程略，按表 3-5 所列步骤进行加工。

表 3-5 操作步骤

| 序号 | 操作步骤 | 加工示意图 | 操作方法及加工内容 |
|---|---|---|---|
| 1 | 粗铣六个平面 | | 用面铣刀粗铣平面，背吃刀量为 2mm，每齿进给量取 0.3mm/z，铣削速度取 20m/min |

（续）

| 序号 | 操作步骤 | 加工示意图 | 操作方法及加工内容 |
|---|---|---|---|
| 2 | 精铣六个平面 | 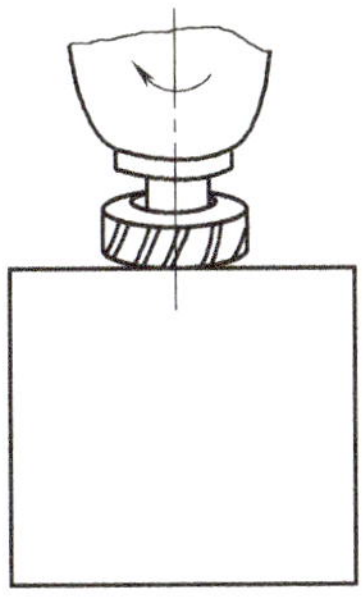 | 用面铣刀精铣平面，背吃刀量为0.5mm，每齿进给量取0.05mm/z，铣削速度取30m/min |
| 3 | 铣削直角沟槽 | 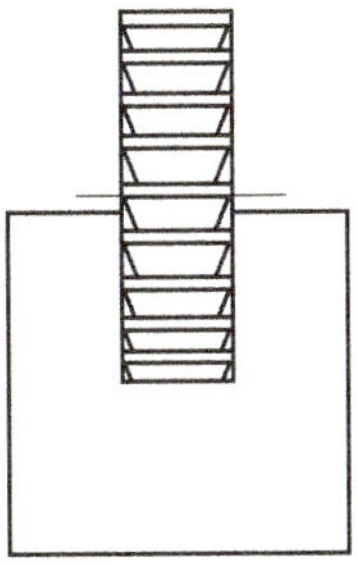 | 用三面刃铣刀经过多次铣削铣沟槽 |
| 4 | 质量检测 | 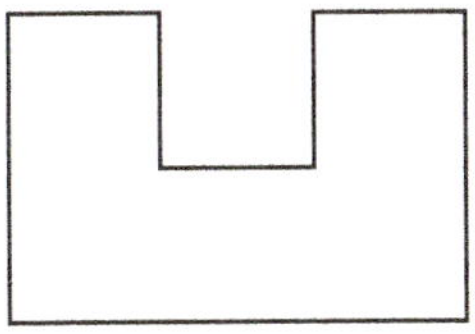 | 检验工件是否达到图样要求 |

**3. 检验**

加工完毕后卸下工件，测量各部分尺寸，平面度用百分表检测。

**4. 清理**

将工件送交检验后，清点工具，清扫工作场地。

## 任务评价

根据表3-6的要求检测工件，并将检测结果填入表中。

表3-6 工件检测评价表

| 序号 | 检测项目 | 考核内容 | 配分 | 评分标准 | 检测结果 | 得分 |
|---|---|---|---|---|---|---|
| 1 | 外形尺寸 | 60h8 | 5 | 超差不得分 | | |
| | | 30h8 | 5 | 超差不得分 | | |
| | | 45h8 | 5 | 超差不得分 | | |
| | | 15h8 | 5 | 超差不得分 | | |
| | | 15h8 | 5 | 超差不得分 | | |
| | | 15h8 | 5 | 超差不得分 | | |

(续)

| 序号 | 检测项目 | 考核内容 | 配分 | 评分标准 | 检测结果 | 得分 |
|---|---|---|---|---|---|---|
| 2 | 几何公差 | ⊥ 0.04 A | 15 | 超差不得分 | | |
| 3 | 表面结构 | $\sqrt{Ra\,3.2}$ | 20 | 超差不得分 | | |
| 4 | 工具设备的使用与维护 | 正确、规范使用工具、量具、刃具,合理保养及维护工具、量具、刃具 | 5 | 不符合要求酌情扣1~5分 | | |
| | | 正确、规范使用设备,合理保养及维护设备 | 5 | 不符合要求酌情扣1~5分 | | |
| | | 操作姿势、动作正确 | 5 | 不符合要求酌情扣1~5分 | | |
| 5 | 安全生产及其他 | 安全文明生产,遵守国家有关法规或企业的有关规定 | 5 | 不符合要求酌情扣1~5分 | | |
| | | 操作、工艺规程正确 | 5 | 不符合要求酌情扣1~5分 | | |
| 6 | 完成任务时间 | 45min | 10 | 每超过10min扣5分,超过20min为不合格 | | |
| 总分 | 100 | 最后得分: | | 指导教师签字: | | |

# 课后练习

加工图3-6所示工件。

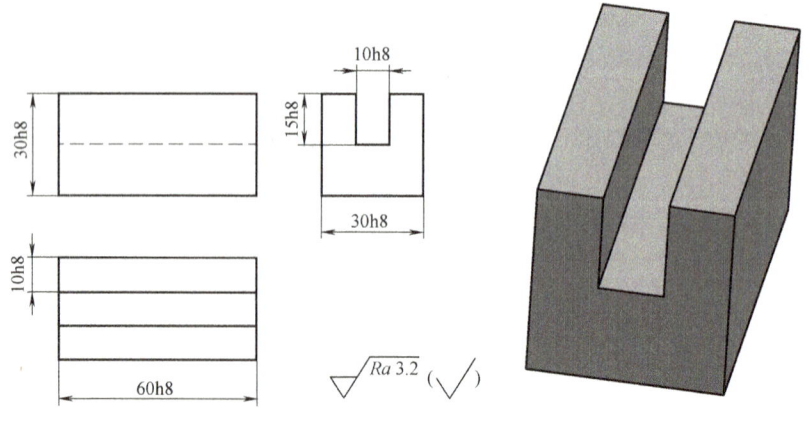

图3-6 课后练习图

## 任务三　铣削轴上键槽

### 任务描述

轴上键槽是用来在轴上安装键，以传递转矩的工艺结构。轴上键槽的两个侧面在键联接中起轴向定位和传递转矩的作用，因此对键槽尺寸精度、几何精度及表面粗糙度都有较高要求，主要有宽度尺寸精度（公差等级 IT9）、键槽两侧面的表面粗糙度值（$Ra1.6 \sim 3.2\mu m$）以及键槽两侧面与轴的轴线的对称度等技术要求。图 3-7 所示为有键槽的轴工件。

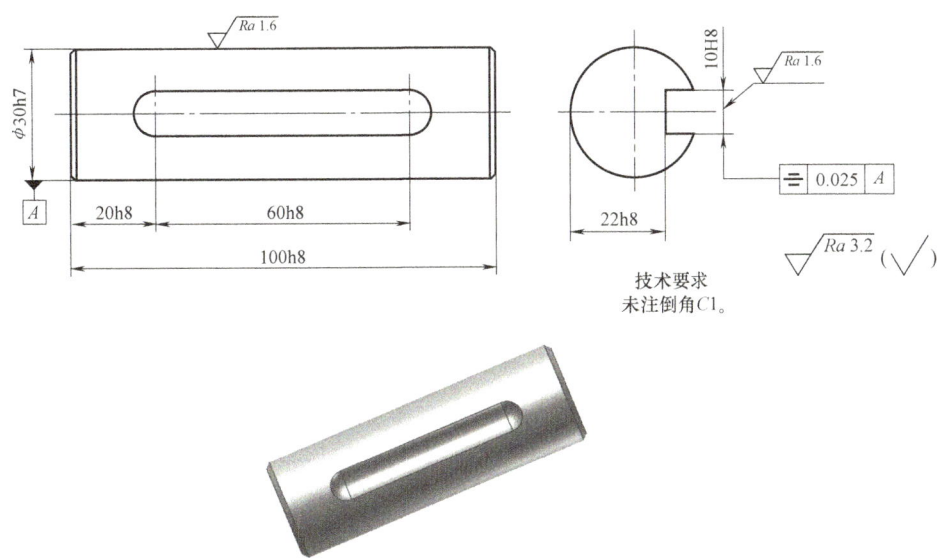

图 3-7　有键槽的轴工件

### 学习目标

1）了解轴上键槽的种类。
2）掌握轴上键槽铣刀的相关知识和使用方法。
3）掌握轴上键槽的铣削方法。
4）学会轴上键槽的测量方法。

### 知识链接

#### 一、轴上键槽的种类

键槽有通键槽、半通键槽（或称半封闭槽）和封闭键槽三种，如图 3-8 所示。

#### 二、轴上键槽的铣削

**1. 轴上键槽的铣削方法**

轴上键槽为通键槽或一端为圆弧形的半通键槽时，一般都采用三面刃铣刀或盘形槽铣刀

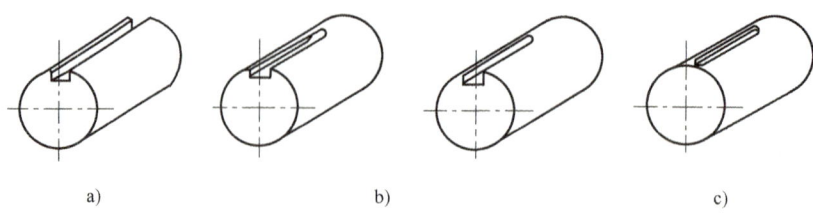

图 3-8 键槽的种类

a) 通键槽  b) 半通键槽  c) 封闭键槽

进行铣削。轴上键槽为封闭键槽或一端为直角的半通键槽时,一般采用键槽铣刀进行铣削。具体见表 3-7。

表 3-7 轴上键槽的铣削方法

| 类型 | | 铣削方法 | 铣削示意图 |
| --- | --- | --- | --- |
| 用盘形铣刀铣削通键槽和半通键槽 | | 使用盘形铣刀铣轴上键槽时,应按照键槽的宽度尺寸选择盘形铣刀的宽度。工件装夹完毕并调整铣刀对中心后进行铣削。将旋转的铣刀主切削刃与工件圆柱表面(上素线)接触时,纵向退出工件,按键槽深度将工作台上升,然后将横向进给机构锁紧,即可开始铣削键槽 | |
| 用键槽铣刀铣削轴上封闭键槽 | 分层铣削法 | 用键槽铣刀铣削键槽时,有分层铣削法和扩刀铣削法两种铣削方法。分层铣削法是指:在每次进刀时,背吃刀量取 0.5~1.0mm,手动进给由键槽的一端铣向另一端;然后再铣下一层,重复铣削。铣削时应注意键槽两端要各留 0.5mm 长度方向的余量。在逐次铣削达到键槽深度后,最后铣去两端的余量,使其符合长度、深度要求。此法主要适用于键槽长度尺寸较短、生产数量不多的轴上键槽的铣削 | 一次铣削    分层铣削 |

（续）

| 类型 | 铣削方法 | | 铣削示意图 |
|---|---|---|---|
| 用键槽铣刀铣削轴上封闭键槽 | 扩刀铣削法 | 先用直径比槽宽尺寸略小的铣刀分层往复地粗铣至槽深，留余量0.1~0.3mm，槽长两端各留余量0.2~0.5mm，再用符合键槽宽度尺寸的键槽铣刀进行精铣 | |

**2. 轴类工件的装夹方法**

装夹轴类工件，不但要保证工件在加工中稳定可靠，还要保证工件的轴线位置不变，保证键槽的中心平面通过其轴线。常用的工件装夹方法有用机用平口钳装夹、用V形块装夹、在工作台上直接装夹及用分度头定中心装夹等，具体方法见表3-8。

表3-8 轴类工件的装夹

| 类型 | 装夹方法 | 装夹示意图 |
|---|---|---|
| 用机用平口钳装夹工件 | 此方法装夹简便、稳固，但当工件直径发生变化时，工件轴线在左右（水平位置）和上下方向都会产生移动。在采用定距切削时，会影响键槽的深度尺寸和对称度。此法常用于单件生产。若想成批地在机用平口钳上装夹工件铣键槽，则必须是直径公差很小的、经过精加工的工件。在机用平口钳上装夹工件铣键槽时，需要找正钳体的定位基准，以保证工件的轴线与工作台纵向进给方向平行，同时也与工作台面平行 | |
| 用V形块装夹工件 | 把轴类工件置于V形块内，并用压板进行紧固的装夹方法，是铣削轴上键槽常用的、比较精确的定位方法之一。在V形块上，当一批工件的直径因加工误差而发生变化时，工件的轴线只能沿V形块的角平分面上下移动变化。这虽然会影响键槽的深度尺寸，但能保证其对称度不发生变化，且槽的深度变化量一般不会超过槽深的尺寸公差。因此，此法适宜于大批量加工 | |

(续)

| 类型 | 装夹方法 | 装夹示意图 |
|---|---|---|
| 在工作台上直接装夹工件 | 直径 20~60 mm 的长轴工件,可将其直接放在工作台中间的 T 形槽上,用压板夹紧后铣削轴上的键槽。此时,T 形槽槽口的倒角斜面起着 V 形槽的定位作用,因此只要工件圆柱面与槽口倒角斜面相切即可 | |
| 用分度头定中心装夹工件 | 用分度头主轴与尾座的两顶尖或用自定心卡盘和尾座顶尖的一夹一顶方法装夹工件。安装分度头和尾座时,要用标准检验棒进行找正。采用两顶尖或一夹一顶的方法进行安装,用百分表找正检验棒的上表面素线与工作台台面平行,其侧面素线与工作台纵向进给方向平行。这种装夹方法使工件轴线位置不受其直径变化的影响,因此铣出轴上键槽的对称性也不受工件直径变化的影响。使用之前,要用标准心轴找正上素线和侧素线,保证标准心轴的上素线与工作台面平行,侧素线与纵向进给方向平行 | |

除表 3-8 所列外,对于长轴类工件铣削轴上键槽时,为了避免铣削力导致工件产生的振动和弯曲,应在被加工轴的切削位置下方用千斤顶支撑,如图 3-9 所示。另外,为了进一步校准对中心是否准确,在铣刀开始切削到工件时,手动缓慢移动工作台进行进给,注意不要浇注切削液,并且要仔细观察。如果轴的一侧先出现阶台,则说明铣刀未对准中心,此时应将工件出现阶台的一侧向铣刀方向进行横向微调,直至轴两侧同时出现等高的小阶台(即铣刀对准中心)为止,如图 3-10 所示。

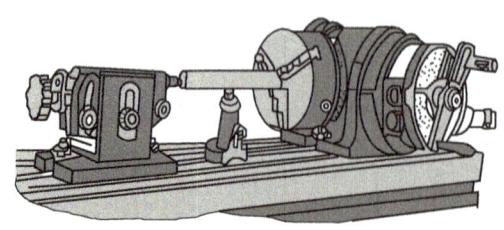

图 3-9　铣削轴上键槽时防止工件产生振动和弯曲的装夹方法

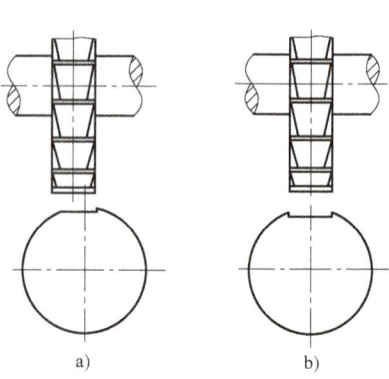

图 3-10　试铣对中心
a) 对工件进行微量调整　b) 铣成等高小台阶

**3. 铣刀位置的调整**（对刀）

为保证轴上键槽关于工件轴线对称，必须调整好铣刀的铣削位置，使键槽铣刀的轴线或盘形铣刀的对称平面通过工件轴线（俗称铣刀对中心），常用按切痕调整对中心、侧面擦刀法对中心、测量法对中心及用杠杆百分表调整对中心四种方法。

（1）按切痕调整对中心　盘形铣刀按切痕对中心时，先让旋转的铣刀接近工件的上表面，通过横向进给，铣刀在工件表面铣出一个椭圆形的切痕。然后，横向移动工作台，将铣刀宽度目测调整到椭圆的中心位置，即完成铣刀对中心，如图 3-11 所示。这种方法简便但准确度不高。

（2）侧面擦刀法调整对中心　这种方法对中心的精度较高。调整时，先在直径为 $d_0$ 的轴上贴一张厚度为 $\delta$ 的薄纸，然后使宽度为 $L$ 的盘形铣刀（或直径为 $d$ 的键槽铣刀）逐渐靠向工件；当回转的铣刀切削刃擦到薄纸后，垂直降下工作台，将工作台横向移动一个距离 $A$，即可实现对中心，如图 3-12 所示。使用盘形铣刀时，$A = \dfrac{d_0 + L}{2} + \delta$；使用键槽铣刀时，$A = \dfrac{d_0 + d}{2} + \delta$。

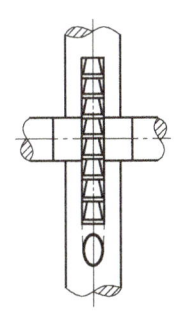

图 3-11　切痕调整对中心

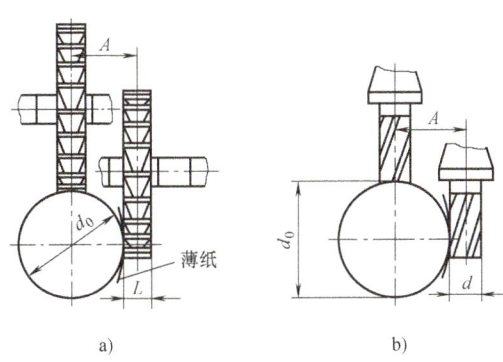

图 3-12　侧面擦刀法调整对中心
a）盘形铣刀对刀　b）键槽铣刀对刀

（3）测量法对中心　这种方法对中心精度最高，适合于在立式铣床上采用。调整时，将杠杆百分表固定在铣床主轴上，用手转动主轴，参照百分表的读数，可以精确地移动工作台，实现准确对中心，如图 3-13 所示。

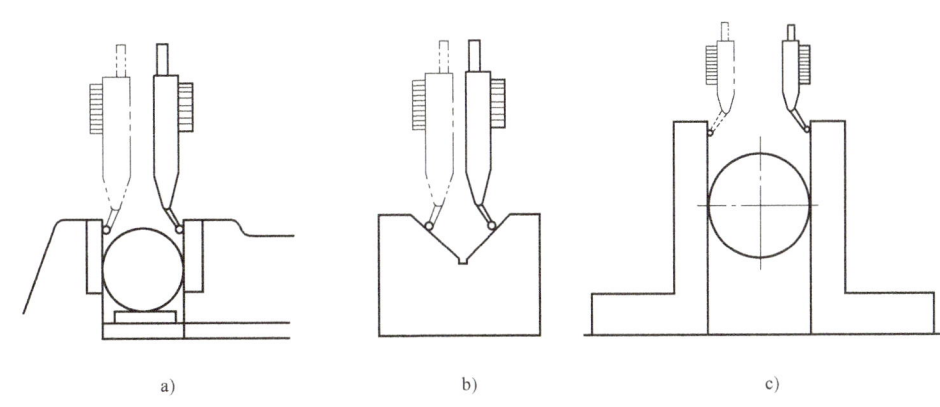

图 3-13　测量法对中心
a）用机用平口钳装夹　b）用 V 形块装夹　c）用两顶尖或一夹一顶装夹

## 任务实施

### 一、铣削轴上键槽的步骤

**1. 确定铣削方法，选择铣刀**

（1）铣削轴上通键槽　选择盘形铣刀。

（2）铣削轴上封闭键槽　采用分层铣削法，适用于轴槽长度尺寸较短、生产数量不多的轴槽铣削。

（3）扩刀铣削法　铣刀两侧切削刃背向力互相平衡，所以铣刀的偏让量小，铣出的键槽对称性好。

**2. 装夹方法**

根据不同工件结构及轴上键槽铣削要求，按表3-8选择合适的装夹方法。

**3. 按要求确定铣削用量**

分层铣削时，每次背吃刀量 $a_p$ 为 0.5～1.0mm，轴槽两端长度方向各留 0.2～0.5mm 余量。

扩刀铣削时，先用直径较小的键槽铣刀（比槽宽尺寸小0.5mm左右）分层往复粗铣至槽深，深度留余量0.1～0.3mm，轴槽两端长度方向各留 0.2～0.5mm 余量。

**4. 铣削工件**

按图样要求，选择合适的铣削方法和铣削用量进行轴上键槽的铣削。

### 二、轴上键槽的检测方法

键槽检测的主要内容包括：宽度检测、深度检测及两侧面相对轴线的对称度的检测。

**1. 键槽宽度检测**

键槽的宽度通常用塞规、塞块来检验。用塞规或塞块检验时，键槽以"通端通，止端止"为合格，如图3-14所示。

**2. 键槽深度检测**

键槽的深度可用游标卡尺或千分尺直接测量。当槽宽较窄，用千分尺无法直接测量时，可用量块配合游标卡尺或千分尺间接测量槽深；宽度大于千分尺测量杆直径的轴槽，可用千分尺直接测量，如图3-15所示。

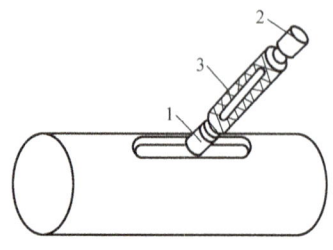

图3-14　轴上键槽宽度的检验
1—通端　2—止端　3—塞规

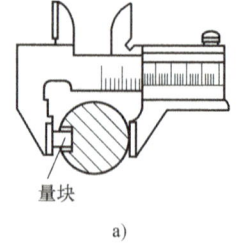

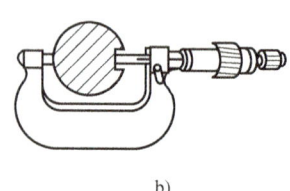

图3-15　轴上键槽深度的检验
a) 用量块配合游标卡尺测量槽深　b) 用千分尺测量槽深

## 3. 键槽对称度的检测

检测时，先将一块厚度与键槽尺寸相同的平行塞块塞入键槽内，用百分表找正塞块的 A 平面与平板或工作台台面平行并记下百分表读数。将工件转过 180°，再用百分表找正塞块的 B 平面与平板或工作台台面平行并记下百分表读数。两次读数的差值，即为键槽的对称度误差，如图 3-16 所示。

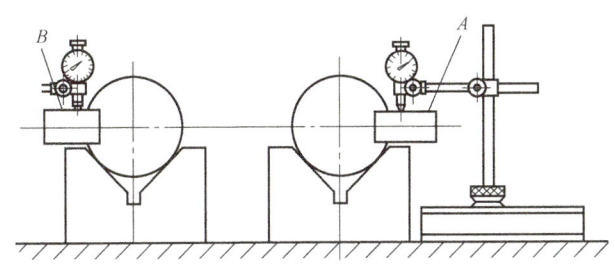

图 3-16 轴上键槽对称度的检验

### 三、键槽铣削质量的分析

**1. 影响键槽宽度尺寸的因素**

1）铣刀的宽度或直径尺寸不合适，未经试铣削检验就直接铣削工件，造成键槽宽度尺寸不合适。

2）铣刀有摆动，用键槽铣刀铣轴槽，铣刀径向圆跳动太大；用盘形铣刀铣轴槽，铣刀轴向圆跳动太大，导致将键槽铣宽。

3）铣削时，背吃刀量、进给量过大，导致产生"让刀"现象，将键槽铣宽。

**2. 影响键槽对称度的因素**

1）铣刀对刀不准。

2）铣削中铣刀的让刀量太大。

3）成批生产时，工件外圆尺寸公差过大。

4）用扩刀法铣削时，键槽两侧扩铣余量不一致。

**3. 影响键槽两侧面与工件轴线平行度的因素**

1）工件外圆直径不一致，有锥度。

2）用机用和钳或 V 形块装夹工件时，固定钳口或 V 形块没有找正好。

**4. 影响键槽底面与工件轴线平行度的因素**

1）装夹工件时上素线未找正水平。

2）选用的平行垫铁平行度误差大，或选用的成组 V 形块不等高。

### 四、加工过程

加工图 3-7 所示工件。

**1. 准备工作**

1）毛坯件：材料为 45 钢，毛坯尺寸为 $\phi 35\,\mathrm{mm} \times 105\,\mathrm{mm}$。

2）设备：X6132 型卧式万能升降台铣床。

3）工具：机用平口钳、φ10mm 键槽铣刀、V 形块、垫铁、铜锤、游标卡尺、百分表、磁力表座。

**2. 铣削步骤**

工件的装夹与找正、刀具的装夹过程略，按表 3-9 所列步骤进行加工。

表 3-9 操作步骤

| 序号 | 操作步骤 | 加工示意图 | 操作方法及加工内容 |
| --- | --- | --- | --- |
| 1 | 用键槽铣刀粗铣轴上键槽 | 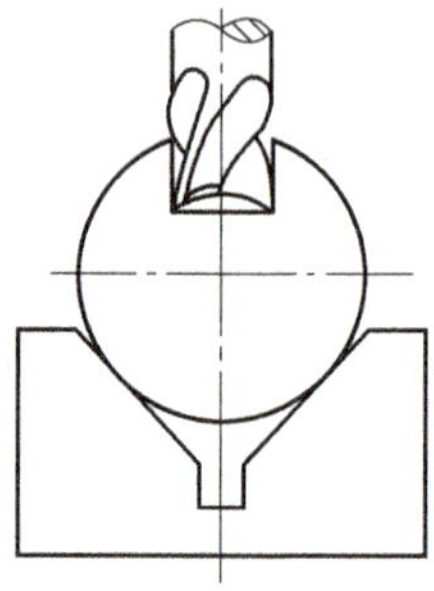 | 用键槽铣刀粗铣轴上键槽，采用分层铣削法，留 0.5mm 的精铣余量 |
| 2 | 用键槽铣刀精铣轴上键槽 | 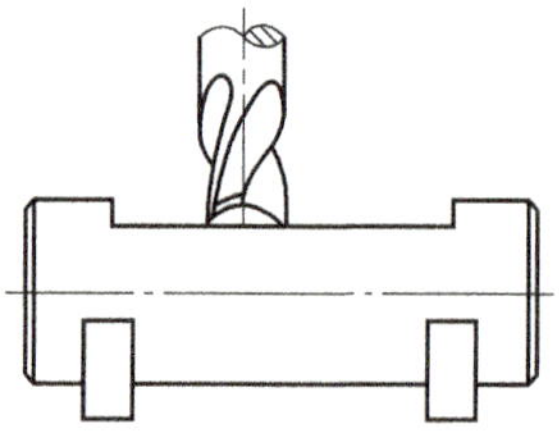 | 用键槽铣刀精铣轴上键槽 |
| 3 | 质量检测 |  | 检验工件是否达到图样要求 |

**3. 检验**

加工完毕后卸下工件，仔细测量各部分尺寸，对称度误差用百分表检测。

**4. 清理**

将工件送交检验后，清点工具，清扫工作场地。

## 任务评价

根据表 3-10 的要求检测工件，并将检测结果填入表中。

表 3-10 工件检测评价表

| 序号 | 检测项目 | 考核内容 | 配分 | 评分标准 | 检测结果 | 得分 |
| --- | --- | --- | --- | --- | --- | --- |
| 1 | 尺寸精度 | 60h8 | 10 | 超差不得分 | | |
| | | 10H8 | 10 | 超差不得分 | | |
| | | 22h8 | 10 | 超差不得分 | | |

项目三　阶台和沟槽的铣削

（续）

| 序号 | 检测项目 | 考核内容 | 配分 | 评分标准 | 检测结果 | 得分 |
|---|---|---|---|---|---|---|
| 2 | 几何公差 | ⏦ 0.025 A | 15 | 超差不得分 | | |
| 3 | 表面粗糙度 | $\sqrt{Ra\,1.6}$ | 20 | 一处不合格扣3分 | | |
| 4 | 工具设备的使用与维护 | 正确、规范使用工具、量具、刃具,合理保养及维护工具、量具、刃具 | 5 | 不符合要求酌情扣1~5分 | | |
| | | 正确、规范使用设备,合理保养及维护设备 | 5 | 不符合要求酌情扣1~5分 | | |
| | | 操作姿势、动作正确 | 5 | 不符合要求酌情扣1~5分 | | |
| 5 | 安全生产及其他 | 安全文明生产,遵守国家有关法规或企业的有关规定 | 5 | 不符合要求酌情扣1~5分 | | |
| | | 操作、工艺规程正确 | 5 | 不符合要求酌情扣1~5分 | | |
| 6 | 完成任务时间 | 45min | 10 | 每超过10min扣5分,超过20min为不合格 | | |
| 总分 | 100 | 最后得分: | | 指导教师签字: | | |

## 课后练习

练习加工图 3-17 所示工件。

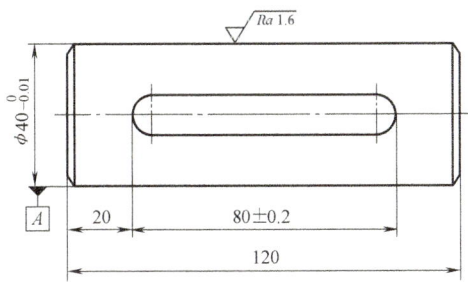
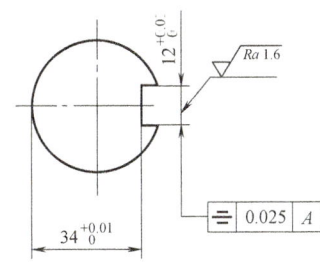

图 3-17　课后练习图

## 任务四　铣削 V 形槽

### 任务描述

V 形槽广泛应用于机床夹具中，机床的导轨也有采用 V 形槽的结构形式。图 3-18 所示为 V 形槽工件（俗称 V 形架）。

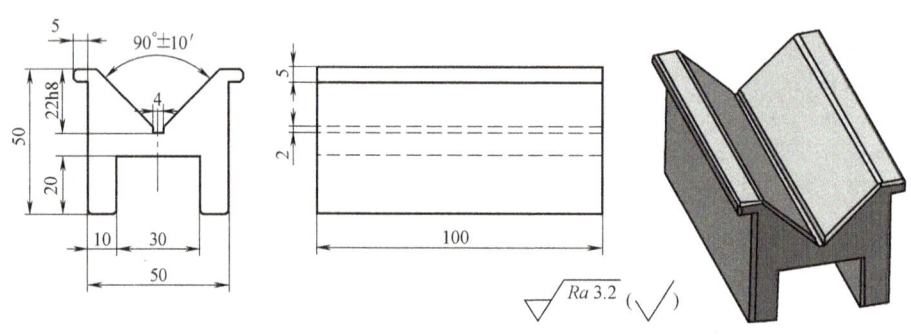

技术要求
倒角C1。

图 3-18　V 形槽工件

V 形槽两侧面间的夹角（槽角）一般为 90°或 60°，也有 120°的，其中以夹角为 90°的 V 形槽最为常用。

V 形槽的技术要求如下：

1）V 形槽的中心平面应垂直于长方体的基准面（底面）。

2）长方体的两侧面应对称于 V 形槽中心平面。

3）V 形槽窄槽两侧应对称于 V 形槽中心平面。窄槽槽底应略低于 V 形槽两侧面延长线的交线。

### 学习目标

1）了解 V 形槽的特点。

2）掌握铣削 V 形槽的常用铣刀的相关知识和使用方法。

3）掌握 V 形槽的铣削方法。

4）学会 V 形槽的测量方法。

### 知识链接

V 形槽的铣削方法见表 3-11。

表 3-11　V 形槽的铣削方法

| 类型 | 铣削方法 | 铣削示意图 |
|---|---|---|
| 调整立铣头用立铣刀铣 V 形槽 | 夹角大于或等于 90°的 V 形槽,可在立式铣床上调转立铣头用立铣刀铣削。铣削前应先铣出窄槽,然后调转立铣头,用立铣刀铣削 V 形槽。铣完一侧 V 形面后,将工件松开,调转 180°后夹紧,再铣另一侧 V 形面。也可以将立铣头反方向调转角度后铣另一侧 V 形面。铣削时,夹具或工件的基准面应与工作台横向进给方向平行 | |
| 调整工件角度铣 V 形槽 | 夹角大于 90°、精度要求不高的 V 形槽,可按划线找正 V 形槽的一个侧面,使之与工作台台面平行装夹,铣完一侧后,重新找正装夹另一侧,再铣成形。夹角等于 90°且尺寸不太大的 V 形槽,则可一次装夹铣成形 | |
| 用角度铣刀铣 V 形槽 | 夹角小于或等于 90°的 V 形槽,一般采用与其角度相同的对称双角铣刀在卧式铣床上铣削,铣削前应先用锯片铣刀铣出窄槽,夹具或工件的基准面应与工作台纵向进给方向平行 | |
| | 如无合适的对称双角铣刀,可用两把刃口相反、规格相同的单角铣刀组合起来铣削。组合时,两把单角铣刀中间应垫适当厚度(小于窄槽宽度)的垫圈或纯铜皮,或使两把单角铣刀的刃口错开,以免将铣刀的端面刃口夹坏。V 形槽也可用一把单角铣刀来铣削,单角铣刀的角度应等于 V 形槽夹角的 1/2,铣削完一侧后将工件转 180°后铣另一面。此方法较费时,但能获得较好的对称度,不转工件而将单角铣刀翻过来装夹后也可铣另一面,但比转工件法费时,且需要重新对刀,对称度也较差,所以一般不采用此法铣削 | |

## 任务实施

### 一、铣削阶台的步骤

**1. 确定铣削方法,选择铣刀**

1）夹角大于或等于 90°的 V 形槽:在立式铣床上调转立铣头用立铣刀铣削。

2）夹角大于 90°、精度要求不高或夹角等于 90°且尺寸不太大的 V 形槽:调整工件用三面刃铣刀铣削。

3）夹角小于 90°的 V 形槽:先用锯片铣刀铣出窄槽,再用与 V 形槽角度相同的对称双角铣刀在卧式铣床上铣削。

**2. 装夹方法**

根据V形槽工件的结构和铣削要求，按表3-11所列，用机用平口钳对工件进行装夹。装夹时，夹具或工件的基准面应与对应方向平行。调整工件铣削V形槽时，铣完一侧后，要重新找正装夹另一侧，再铣削成形。

## 二、V形槽的检测方法

V形槽的检测项目有V形槽宽度$B$、V形槽槽角$\alpha$和V形槽对称度。

**1. V形槽宽度$B$的检测**

1）用游标卡尺直接测量槽宽$B$，测量简便，但检测精度差。

2）用标准量棒间接测量槽宽$B$，测量精度较高，如图3-19所示。测量时，先间接测得尺寸$h$，然后计算得出V形槽宽度$B$公式为

$$B = 2\tan\frac{\alpha}{2}\left(\frac{R}{\sin\frac{\alpha}{2}} - R - h\right)$$

式中　　$R$——标准量棒半径（mm）；

$\alpha$——V形槽槽角（°）；

$h$——标准量棒上素线至V形槽上平面的距离（mm）。

**2. V形槽槽角口的检测**

1）用角度样板进行测量，通过观察工件与样板间的缝隙判断V形槽槽角$\alpha$是否合格。

2）用标准量棒间接测量槽角$\alpha$。此法测量精度较高。如图3-19和图3-20所示，测量时，先后用两根不同直径的标准量棒进行间接测量，分别测得尺寸$H$和$h$，然后通过计算求出槽角$\alpha$的实际值，公式为

$$\sin\frac{\alpha}{2} = \frac{R-r}{(H-R)-(h-r)}$$

式中　　$R$——较大标准量棒的半径（mm）；

$r$——较小标准量棒的半径（mm）；

$H$——较大标准量棒上素线至V形架底面的距离（mm）；

$h$——较小标准量棒上素线至V形架底面的距离（mm）。

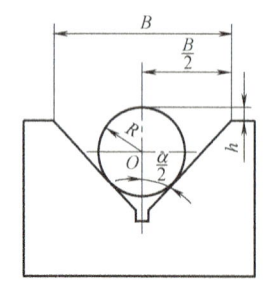

图3-19　用标准量棒测量槽宽

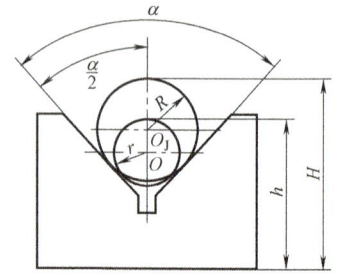

图3-20　V形槽槽角的测量

3）用游标万能角度尺测量。如图3-21所示，通过测量角度$A$或$B$，可间接测出V形槽的半槽角$\alpha/2$。

### 3. V形槽对称度的检测

测量时，将V形架放在平板平面上，在V形槽内放一标准量棒，分别以V形架两侧面为基准，用杠杆百分表测量量棒最高点。若两次测量的读数相同，则V形槽的中心平面与V形架中心平面重合（对称），两次测量读数之差即为对称度误差，如图3-22所示。如用高度游标卡尺测量量棒最高点，则可求得V形槽中心平面至侧面的实际距离。

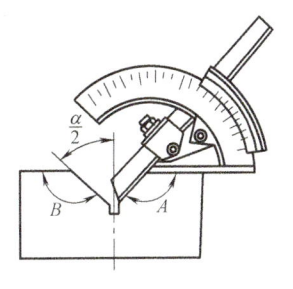

图3-21  用游标万能角度尺测量

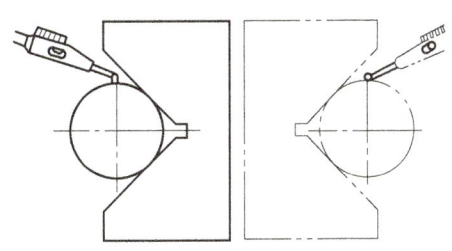

图3-22  V形槽对称度的测量

## 三、加工过程

**1. 准备工作**

1）毛坯件：材料为45钢，毛坯尺寸为105mm×55mm×55mm。

2）设备：X6132型卧式万能升降台铣床。

3）工具：机用平口钳、φ20mm面铣刀、φ25mm锥柄立铣刀、垫铁、铜锤、划针盘、游标卡尺、游标万能角度尺、百分表、磁力表座。

**2. 铣削步骤**

工件的装夹与找正、刀具的装夹过程略，按表3-12所列操作步骤进行铣削加工。

表3-12  操作步骤

| 序号 | 操作步骤 | 加工示意图 | 操作方法及加工内容 |
| --- | --- | --- | --- |
| 1 | 粗铣六个平面 |  | 用面铣刀粗铣平面，背吃刀量为2mm，每齿进给量取0.3mm/z，铣削速度取20m/min |
| 2 | 精铣六个平面 |  | 用面铣刀精铣平面，背吃刀量为0.5mm，每齿进给量取0.05mm/z，铣削速度取30m/min |

(续)

| 序号 | 操作步骤 | 加工示意图 | 操作方法及加工内容 |
|---|---|---|---|
| 3 | 铣窄槽 | 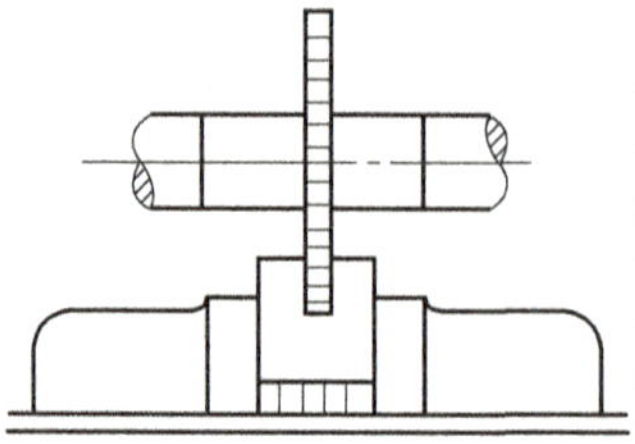 | 铣削前先用试铣法对中心,以保证其对称度要求 |
| 4 | 铣V形槽 | 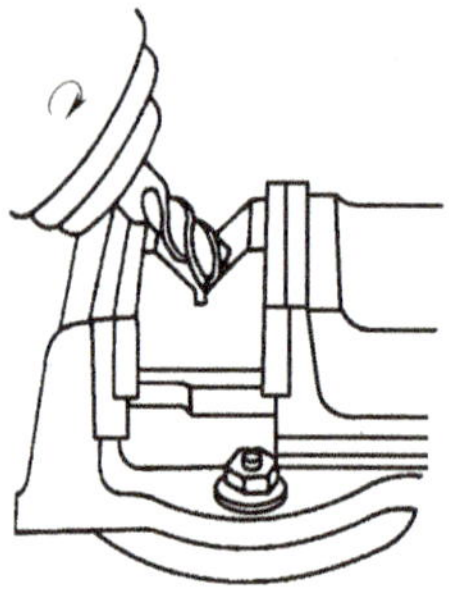 | 先按划线粗铣,留余量1mm,然后调整背吃刀量,半精铣V形槽一侧面,然后将工件转180°装夹,铣削V形槽的另一侧面;半精铣后用量棒测得实际尺寸后,调整并精铣至24mm |
| 5 | 质量检测 | 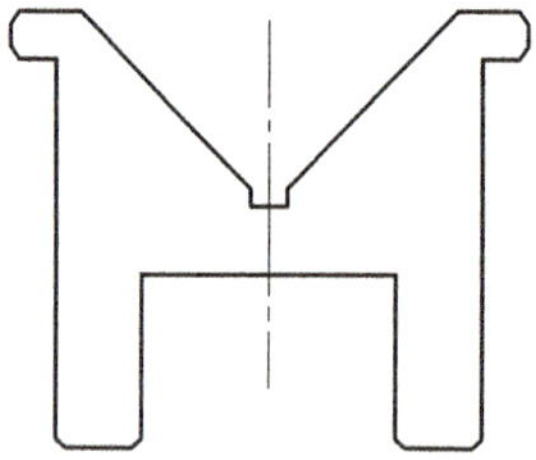 | 检验工件是否达到图样要求 |

**3. 检验**

加工完毕后卸下工件,仔细测量各部分尺寸,平面度用百分表检测。

**4. 清理**

将工件送交检验后,清点工具,清扫工作场地。

## 任务评价

根据表3-13的要求检测工件,并将检测结果填入表中。

表3-13 工件检测评价表

| 序号 | 检测项目 | 考核内容 | 配分 | 评分标准 | 检测结果 | 得分 |
|---|---|---|---|---|---|---|
| 1 | 外形尺寸 | 50mm | 5 | 超差不得分 | | |
| | | 10mm | 5 | 超差不得分 | | |
| | | 30mm | 5 | 超差不得分 | | |
| | | 50mm | 5 | 超差不得分 | | |
| | | 20mm | 5 | 超差不得分 | | |
| | | 22h8 | 5 | 超差不得分 | | |

(续)

| 序号 | 检测项目 | 考核内容 | 配分 | 评分标准 | 检测结果 | 得分 |
|---|---|---|---|---|---|---|
| 1 | 外形尺寸 | 5mm | 5 | 超差不得分 | | |
| | | 2mm | 5 | 超差不得分 | | |
| | | 100mm | 5 | 超差不得分 | | |
| | | 90°±10′ | 5 | 超差不得分 | | |
| 2 | 倒角 | C1 | 5 | 超差不得分 | | |
| 3 | 表面结构 | $\sqrt{Ra\,3.2}$ | 10 | 超差不得分 | | |
| 4 | 工具设备的使用与维护 | 正确、规范使用工具、量具、刃具,合理保养及维护工具、量具、刃具 | 5 | 不符合要求酌情扣1~5分 | | |
| | | 正确、规范使用设备,合理保养及维护设备 | 5 | 不符合要求酌情扣1~5分 | | |
| | | 操作姿势、动作正确 | 5 | 不符合要求酌情扣1~5分 | | |
| 5 | 安全生产及其他 | 安全文明生产,遵守国家有关法规或企业的有关规定 | 5 | 不符合要求酌情扣1~5分 | | |
| | | 操作、工艺规程正确 | 5 | 不符合要求酌情扣1~5分 | | |
| 6 | 完成任务时间 | 45min | 10 | 每超过10min扣5分,超过20min为不合格 | | |
| 总分 | | 100 | | 最后得分: | 指导教师签字: | |

## 课后练习

加工图3-23所示工件。

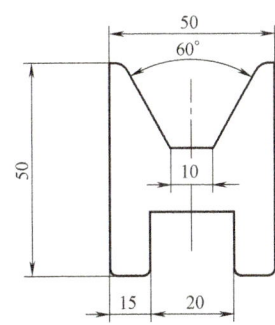
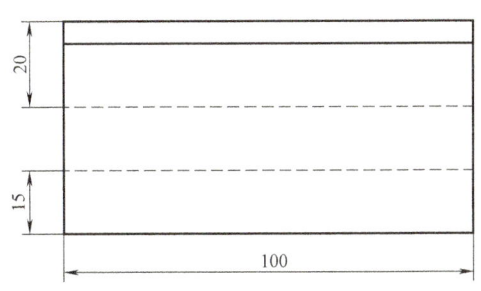

图3-23 课后练习图

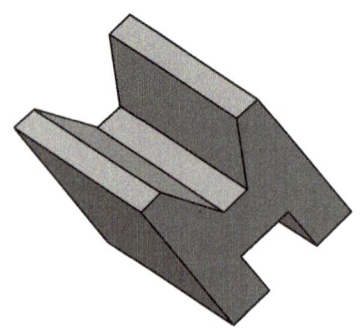

图 3-23　课后练习图（续）

## 任务五　铣削 T 形槽

### 任务描述

T 形槽多见于机床（如铣床、刨床、磨床等）的工作台，用于与机床附件、夹具配套时的定位和固定。图 3-24 所示为带有 T 形槽的工件。T 形槽已标准化。

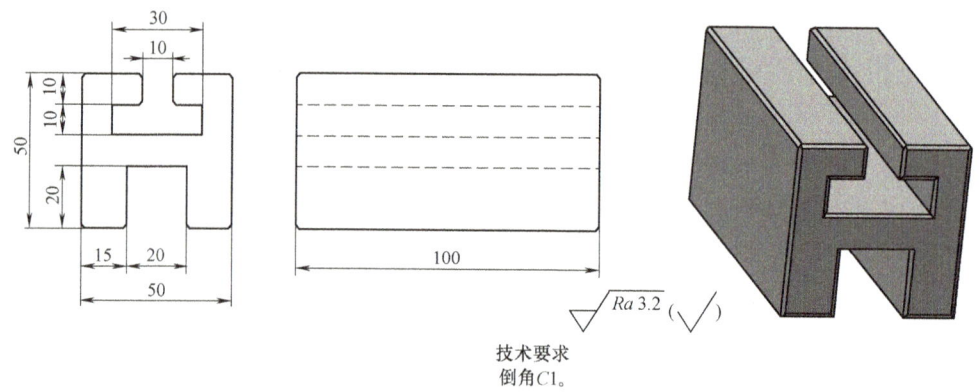

图 3-24　T 形槽工件

T 形槽由直槽和底槽组成，根据使用要求分基准槽和固定槽。基准槽的尺寸精度和几何精度要求比固定槽高。

T 形槽的主要技术要求如下：

1）T 形槽基准槽的尺寸精度为 IT8 级，固定槽的尺寸精度为 IT12 级。

2）基准槽直槽两侧面应平行（或垂直）于工件的基准面。

3）底槽的两侧面应对称于直槽的中心平面。

4）T 形槽基准槽的表面粗糙度 $Ra$ 值应小些，固定槽的表面粗糙度 $Ra$ 值可大些，但不要大于 6.3μm。

### 学习目标

1）了解 T 形槽的特点。

2）掌握铣削 T 形槽常用铣刀的相关知识及其使用方法。
3）掌握 T 形槽的铣削方法。
4）学会 T 形槽的测量方法。

## 知识链接

T 形槽的铣削方法见表 3-14。

表 3-14　T 形槽的铣削方法

| 类型 | 铣削方法 | 铣削示意图 |
| --- | --- | --- |
| 铣直槽 | 用三面刃铣刀或立铣刀铣出直槽，槽的深度留 1mm 左右的余量 | 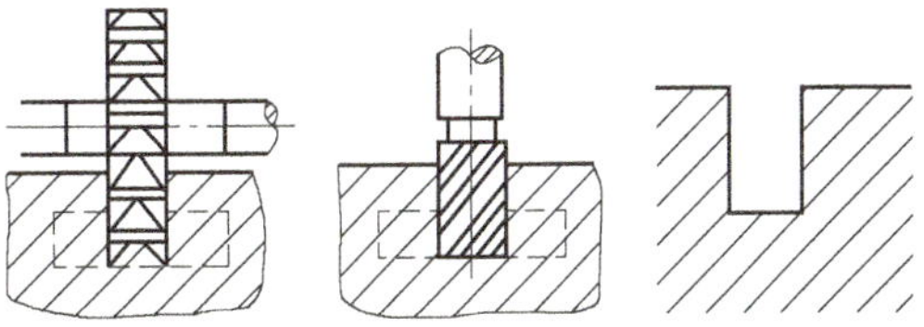 |
| 铣底槽 | 用 T 形槽铣刀铣出底槽，深度铣至要求 | 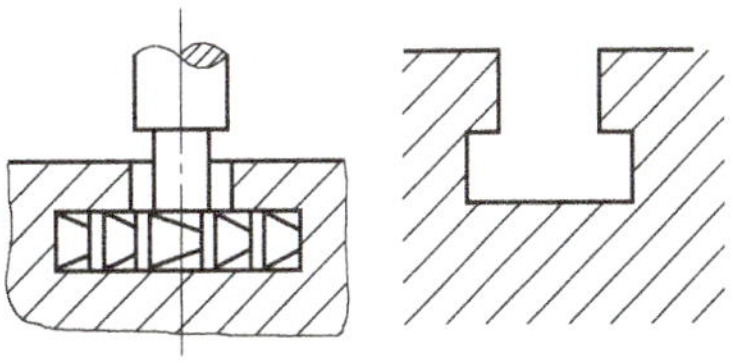 |
| 槽口倒角 | 用角度铣刀在槽口倒角 | 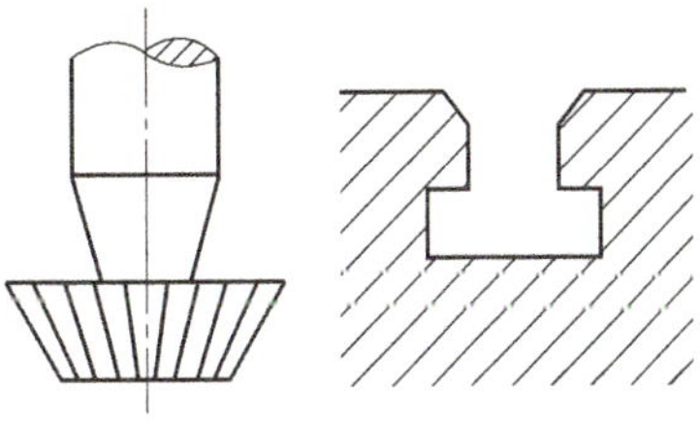 |

## 任务实施

### 一、铣削 T 形槽的步骤

**1. 选择铣刀**

铣削直槽时，用三面刃铣刀或立铣刀；铣削底槽时，用 T 形槽铣刀，规格按直槽宽度尺寸选择。

**2. 铣削方法**

1）铣削直槽，槽深留 1mm 左右余量。
2）铣削底槽，深度铣至要求。
3）倒角。

## 二、铣 T 形槽应注意的事项

1）用 T 形槽铣刀铣削时，切削部分埋在工件内，切屑不易排出，容易把容屑槽填满（塞刀）而使铣刀失去切削能力，甚至使铣刀折断，因此应经常退刀，及时清除切屑。

2）用 T 形槽铣刀铣削时，切削热因排屑不畅而不易散发，容易使铣刀产生退火而丧失切削能力，因而在铣削钢件时，应充分浇注切削液。

3）用 T 形槽铣刀切削时，切削条件差，所以应选用较小的进给量和较低的切削速度。

4）T 形槽铣刀不能用得太钝，因为钝的刀具切削能力大为减弱，铣削力和切削热会迅速增加。

5）T 形槽铣刀的颈部直径较小，要注意避免铣刀因受到过大的铣削力和突然的冲击力而折断。

## 三、T 形槽的检测方法

T 形槽的槽宽、槽深以及底槽与直槽的对称度可用游标卡尺测量，直槽对工件基准面的平行度误差可在平板上用百分表检测。

## 四、加工过程

加工图 3-24 所示工件。

**1. 准备工作**

1）毛坯件：材料为 45 钢，毛坯尺寸为 105mm×55mm×55mm。

2）设备：X6132 型卧式万能升降台铣床。

3）工具：机用平口钳、φ60mm 面铣刀、φ8mm 锥柄立铣刀、8mm 的 T 形槽铣刀和对称双角铣刀、垫铁、铜锤、划针盘、游标卡尺、游标万能角度尺、百分表、磁力表座。

**2. 加工步骤**

工件的装夹与找正、刀具的装夹过程略，按表 3-15 所列步骤进行加工。

表 3-15 操作步骤

| 序号 | 操作步骤 | 加工示意图 | 操作方法及加工内容 |
| --- | --- | --- | --- |
| 1 | 粗铣六个平面 | | 用面铣刀粗铣平面，背吃刀量为 2mm，每齿进给量取 0.3mm/z，铣削速度取 20m/min |
| 2 | 精铣六个平面 | | 用面铣刀精铣平面，背吃刀量为 0.5mm，每齿进给量取 0.05mm/z，铣削速度取 30m/min |

（续）

| 序号 | 操作步骤 | 加工示意图 | 操作方法及加工内容 |
|---|---|---|---|
| 3 | 铣直槽 | 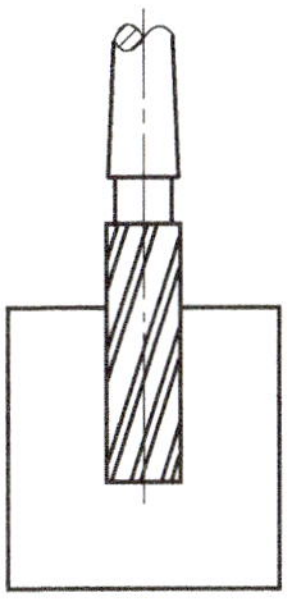 | 用立铣刀粗、精铣直槽,保证宽度、深度。 |
| 4 | 铣T形槽 | 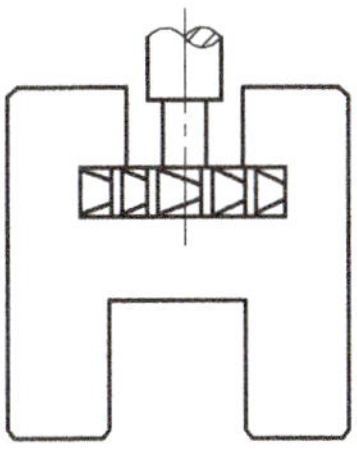 | 用T形槽铣刀铣T形槽至尺寸 |
| 5 | 倒角 | 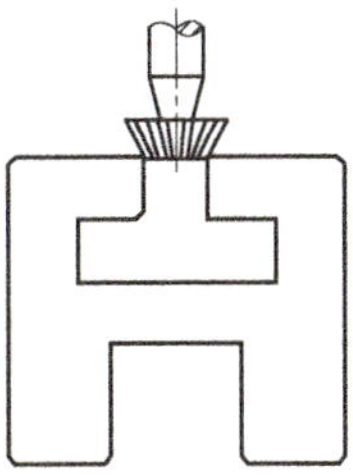 | 用双角铣刀倒角 |
| 6 | 质量检测 | 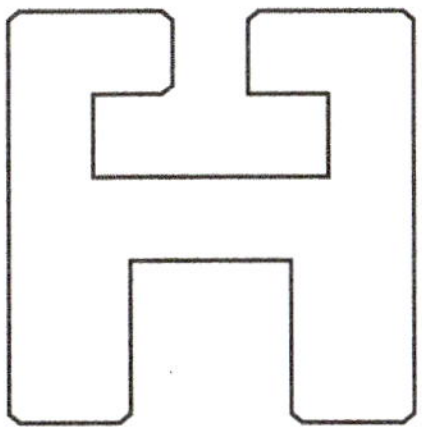 | 检验工件是否达到图样要求 |

**3. 检验**

加工完毕后卸下工件,仔细测量各部分尺寸,平面度用百分表检测。

**4. 清理**

将工件送交检验后,清点工具,清扫工作场地。

## 任务评价

根据表3-16的要求检测工件,并将检测结果填入表中。

表 3-16

| 序号 | 检测项目 | 考核内容 | 配分 | 评分标准 | 检测结果 | 得分 |
|---|---|---|---|---|---|---|
| 1 | 外形尺寸 | 50mm | 5 | 超差不得分 | | |
| | | 15mm | 5 | 超差不得分 | | |
| | | 20mm | 5 | 超差不得分 | | |
| | | 10mm | 5 | 超差不得分 | | |
| | | 10mm | 5 | 超差不得分 | | |
| | | 20mm | 5 | 超差不得分 | | |
| | | 50mm | 5 | 超差不得分 | | |
| | | 10mm | 5 | 超差不得分 | | |
| | | 30mm | 10 | 超差不得分 | | |
| | | 100mm | 5 | 超差不得分 | | |
| 2 | 表面结构 | $\sqrt{Ra\,3.2}$ | 10 | 超差不得分 | | |
| 3 | 工具设备的使用与维护 | 正确、规范使用工具、量具、刃具,合理保养及维护工具、量具、刃具 | 5 | 不符合要求酌情扣1~5分 | | |
| | | 正确、规范使用设备,合理保养及维护设备 | 5 | 不符合要求酌情扣1~5分 | | |
| | | 操作姿势、动作正确 | 5 | 不符合要求酌情扣1~5分 | | |
| 4 | 安全生产及其他 | 安全文明生产,遵守国家有关法规或企业的有关规定 | 5 | 不符合要求酌情扣1~5分 | | |
| | | 操作、工艺规程正确 | 5 | 不符合要求酌情扣1~5分 | | |
| 5 | 完成任务时间 | 45min | 10 | 每超过10min扣5分,超过20min为不合格 | | |
| 总分 | 100 | | 最后得分: | | 指导教师签字: | |

## 课后练习

加工图 3-25 所示工件。

项目三 阶台和沟槽的铣削

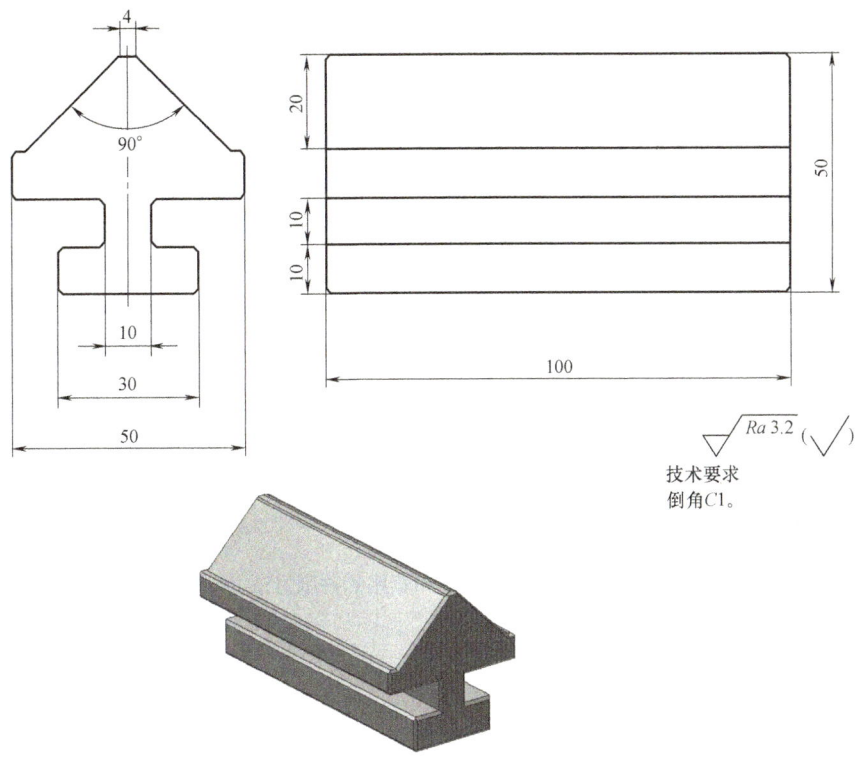

图 3-25 课后练习图

## 任务六　铣削燕尾槽

### 任务描述

燕尾槽与燕尾是配合使用的，如图 3-26 所示为燕尾槽工件。在机械设计制造中，常采用燕尾结构作为直线运动的引导件或紧固件，如燕尾导轨等。

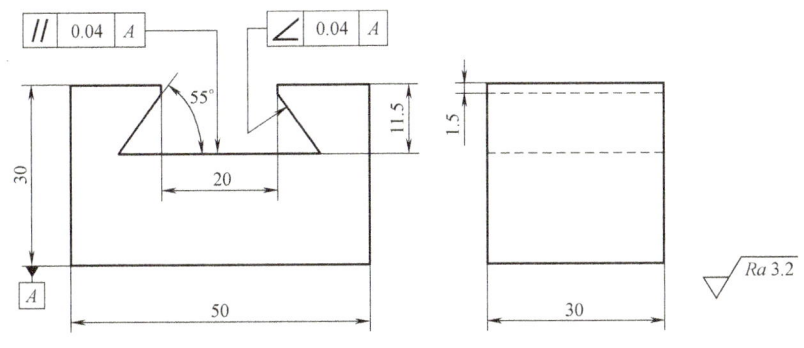

图 3-26 燕尾槽工件

燕尾结构的燕尾槽和燕尾之间有相对直线运动，因此对燕尾槽的角度、宽度、深度都具有较高的精度要求，其斜面的平面度要求较高，且表面粗糙度 $Ra$ 值要小。燕尾的角度 $\alpha$ 有

45°、50°、55°和60°等多种，一般采用55°。

燕尾槽与燕尾在配合时，大多在中间有一块塞铁（又称镶条），用以调整配合间隙。为便于间隙的调整，有时将燕尾槽一侧的燕尾侧面制成带斜度，与具有相同斜度的塞铁相配，只要沿相对直线运动方向移动塞铁，就可方便、准确地调整间隙和补偿磨损。

## 学习目标

1）了解燕尾槽的结构特点。
2）掌握铣削燕尾槽常用铣刀的相关知识及其使用方法。
3）掌握燕尾槽的铣削方法。
4）学会燕尾槽的测量方法。

## 知识链接

燕尾槽和燕尾的铣削方法见表3-17。

表3-17 燕尾槽和燕尾的铣削方法

| 类型 | 铣削方法 | 铣削示意图 |
| --- | --- | --- |
| 燕尾槽的铣削 | 在立式铣床上用立铣刀或面铣刀铣直角槽，然后用燕尾槽铣刀铣出燕尾槽。应根据燕尾的角度选择相同角度的燕尾槽铣刀，铣刀锥面的宽度应大于工件燕尾槽斜面的宽度 | |
| 燕尾的铣削 | 先在立式铣床上用立铣刀或面铣刀铣阶台，然后用燕尾槽铣刀铣出燕尾。应根据燕尾的角度选择相同角度的燕尾槽铣刀，铣刀锥面的宽度应大于工件燕尾斜面的宽度 | |
| 无合适的燕尾槽铣刀铣燕尾槽 | 单件生产时，若没有合适的燕尾槽铣刀，可用与燕尾角度相等的单角铣刀来铣削燕尾槽和燕尾。铣削时，立铣头倾斜角度应等于燕尾角度α，因偏转角度较大，安装单角铣刀的刀杆长度应适当增长 | |

铣削带有斜度的燕尾槽时，在铣削完直槽后，先用燕尾槽铣刀铣削无斜度的一侧，铣好后松开压板，将工件按规定斜度调整到与进给方向成一斜角并固紧工件，然后铣削燕尾槽的另一侧。

## 任务实施

### 一、铣削燕尾槽的步骤

**1. 铣刀选择**

选用燕尾槽铣刀进行铣削,铣刀角度应与燕尾槽的槽角一致,铣刀锥面的宽度应大于工件燕尾槽斜面的宽度。

**2. 铣削方法**

1)在立式铣床上用立铣刀或面铣刀铣燕尾槽的直槽和燕尾的阶台。
2)在立式铣床上用燕尾槽铣刀铣出燕尾槽或燕尾。

### 二、燕尾槽的检测方法

1)燕尾槽、燕尾的槽角口可用游标万能角度尺测量。
2)燕尾槽的槽深和燕尾的高度可用深度、高度游标卡尺测量。
3)由于工件有空刀槽和倒角,燕尾槽和燕尾的宽度需借用两标准量棒间接测量,如图3-27所示。用游标卡尺测得两标准量棒之间距离尺寸 $M$ 或 $M_1$,可计算出燕尾槽的宽度 $A$ 或燕尾的宽度 $a$。

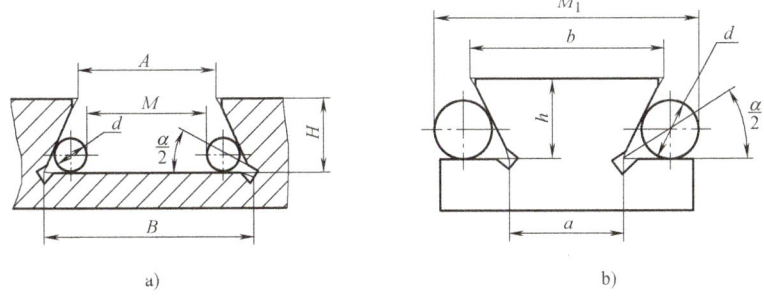

图3-27 燕尾槽和燕尾宽度的测量
a)燕尾槽宽度的测量 b)燕尾宽度的测量

燕尾槽宽度的计算公式为

$$A = M + d\left(1 + \cot\frac{\alpha}{2}\right) - 2H\cot\alpha$$

$$B = M + d\left(1 + \cot\frac{\alpha}{2}\right)$$

式中 $A$——燕尾槽最小宽度(mm);
   $B$——燕尾槽最大宽度(mm);
   $M$——两标准量棒内侧距离(mm);
   $d$——标准量棒直径(mm);
   $\alpha$——燕尾槽角度(°);
   $H$——燕尾槽深度(mm)。

燕尾宽度的计算公式为

$$a = M_1 + d\left(1 + \cot\frac{\alpha}{2}\right)$$

$$b = M_1 + 2h\cot\alpha - d\left(1 + \cot\frac{\alpha}{2}\right)$$

式中　$a$——燕尾槽最小宽度（mm）；
　　　$b$——燕尾槽最大宽度（mm）；
　　　$M_1$——两标准量棒内侧距离（mm）；
　　　$d$——标准量棒直径（mm）；
　　　$\alpha$——燕尾角度（°）；
　　　$h$——燕尾高度（mm）。

### 三、特形沟槽铣削的质量分析

**1. 特形沟槽尺寸公差超差的原因**

1）铣刀尺寸不准确，使T形槽直槽宽度和燕尾槽宽度超差。
2）铣V形槽时，深度尺寸不准确，使V形槽口尺寸超差。
3）工作台移动距离不准确。

**2. 特形沟槽几何公差超差的原因**

1）铣刀的形状不准确。
2）用通用铣刀（如立铣刀、角度铣刀等）铣削特形沟槽时，立铣头倾斜角度不准确。

**3. 特形沟槽表面粗糙度值太大的原因**

1）铣刀磨损变钝。
2）切屑排除不畅，有阻塞。
3）铣削用量选择不当。
4）铣削时有振动。
5）切削液浇注不够充分。

### 四、铣燕尾槽和燕尾应注意的事项

1）铣燕尾槽、燕尾时的铣削条件与铣T形槽时大致相同，但燕尾槽铣刀刀尖处的切削性能和强度都很差，因此铣削中转速不可过高，背吃刀量、进给量不可过大，以减小切削力，还要及时排屑，充分浇注切削液。

2）铣直槽时槽深可留0.5～1mm的余量，待在铣燕尾槽时同时铣成槽深，以使燕尾槽铣刀工作平稳。

3）铣削燕尾槽应分粗铣、精铣两步进行，以提高燕尾斜面的表面质量。

### 五、加工过程

加工图3-26所示工件。

**1. 准备工作**

1）毛坯件：材料为45钢，毛坯尺寸为105mm×55mm×55mm。

2）设备：X6132型卧式万能升降台铣床。

3）工具：机用平口钳、φ60mm 面铣刀、φ18mm 锥柄立铣刀、φ30mm 的 60°燕尾槽铣刀、垫铁、铜锤、划针盘、游标卡尺、游标万能角度尺、百分表、磁力表座。

**2. 铣削步骤**

工件的装夹与找正、刀具的装夹过程略，按表 3-18 所列步骤进行加工。

表 3-18 操作步骤

| 序号 | 操作步骤 | 加工示意图 | 操作方法及加工内容 |
|---|---|---|---|
| 1 | 粗铣六个平面 | 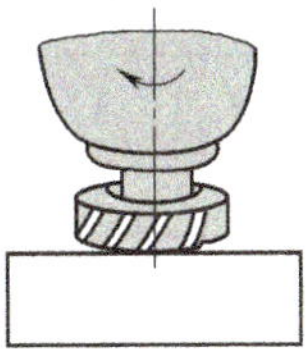 | 用面铣刀粗铣平面，背吃刀量为 2mm，每齿进给量取 0.3mm/z，铣削速度取 20m/min |
| 2 | 精铣六个平面 | 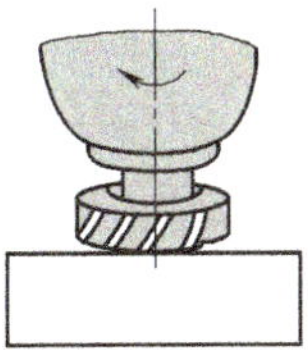 | 用面铣刀精铣平面，背吃刀量为 1mm，每齿进给量取 0.05mm/z，铣削速度取 30m/min |
| 3 | 铣直槽 | 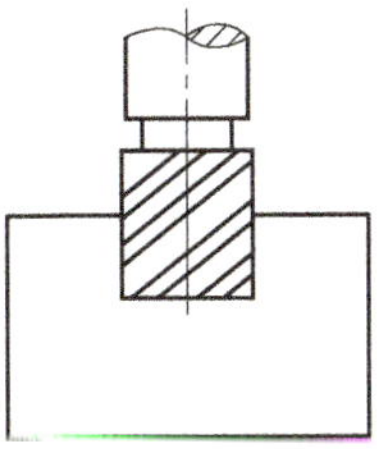 | 用立铣刀粗、精铣直槽，保证宽度、深度 |
| 4 | 铣燕尾槽 | 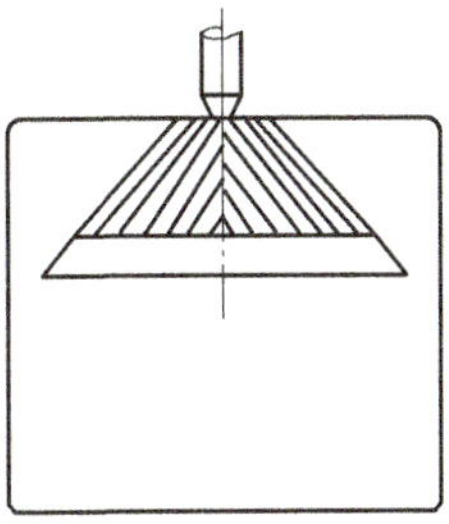 | 用燕尾槽铣刀铣燕尾槽至尺寸 |
| 5 | 质量检测 | 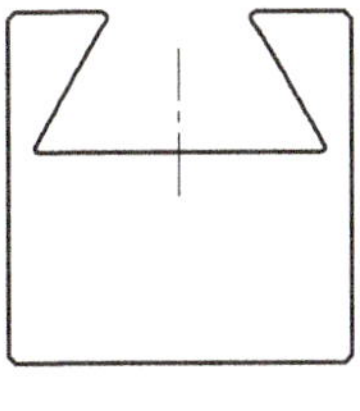 | 检验工件是否达到图样要求 |

铣削加工技术

### 3. 检验
加工完毕后卸下工件，仔细测量各部分尺寸，平面度用百分表检测。

### 4. 清理
将工件送交检验后，清点工具，清扫工作场地。

 任务评价

根据表 3-19 的要求检测工件，并将检测结果填入表中。

表 3-19 工件检测评价表

| 序号 | 检测项目 | 考核内容 | 配分 | 评分标准 | 检测结果 | 得分 |
|---|---|---|---|---|---|---|
| 1 | 外形尺寸 | 50mm | 5 | 超差不得分 | | |
| | | 30mm | 5 | 超差不得分 | | |
| | | 30mm | 5 | 超差不得分 | | |
| | | 20mm | 5 | 超差不得分 | | |
| | | 11.5mm | 5 | 超差不得分 | | |
| | | 1.5mm | 5 | 超差不得分 | | |
| | | 55°斜面两处 | 15 | 超差不得分 | | |
| 2 | 几何公差 | ∥ 0.04 A | 5 | 超差不得分 | | |
| | | ∠ 0.04 A | 5 | 超差不得分 | | |
| 3 | 表面结构 | Ra 3.2 | 10 | 超差不得分 | | |
| 4 | 工具设备的使用与维护 | 正确、规范使用工具、量具、刃具，合理保养及维护工具、量具、刃具 | 5 | 不符合要求酌情扣 1~5 分 | | |
| | | 正确、规范使用设备，合理保养及维护设备 | 5 | 不符合要求酌情扣 1~5 分 | | |
| | | 操作姿势、动作正确 | 5 | 不符合要求酌情扣 1~5 分 | | |
| 5 | 安全生产及其他 | 安全文明生产，遵守国家有关法规或企业的有关规定 | 5 | 不符合要求酌情扣 1~5 分 | | |
| | | 操作、工艺规程正确 | 5 | 不符合要求酌情扣 1~5 分 | | |
| 6 | 完成任务时间 | 45min | 10 | 每超过 10min 扣 5 分，超过 20min 为不合格 | | |
| 总分 | 100 | | 最后得分： | 指导教师签字： | | |

## 课后练习

加工图 3-28 所示工件。

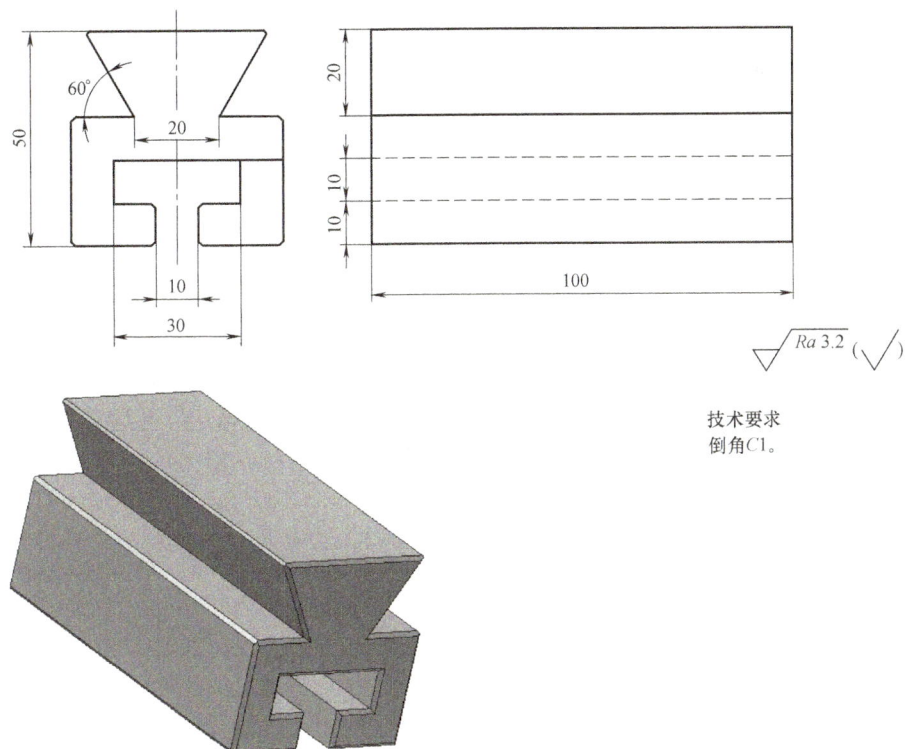

技术要求
倒角C1。

图 3-28　课后练习图

# 项目四

# 分度头与分度方法

机械分度头（简称分度头）是铣床的重要精密附件和夹具之一，在铣床及其他机床（如磨床、钻床、刨床和插床）上都得到了广泛的应用。分度头可以将装夹在顶尖间或卡盘上的工件按要求转动任意角度，并可对工件进行任意等分。在铣床上，很多需要圆周分度的工件（如六方体工件、齿轮、轴向分布孔等）的加工都要用到分度头。

## 任务一　认识万能分度头

### 任务描述

万能分度头（图 4-1）是安装在铣床上用于将工件分成任意等份的机床附件。它利用分度刻度环和游标、定位销和分度盘以及交换齿轮，将装夹在顶尖间或卡盘上的工件分成任意角度，可将圆周分成任意等份，辅助机床利用各种不同形状的刀具进行各种沟槽、直齿圆柱齿轮、螺旋圆柱齿轮、阿基米德曲线凸轮等的加工。万能分度头还备有工作台，工件可直接紧固在工作台上，也可利用装在工作台上的夹具紧固，完成工件多方位加工。

图 4-1　万能分度头

机械分度头的形式按是否具有差动分度交换齿轮连接装置分成万能型（FW 型）和半万能型（FB 型）两种。铣床上主要使用的是万能分度头。

### 学习目标

1) 了解分度头的型号和用途。
2) 熟悉分度头的结构。
3) 掌握分度头的使用方法。
4) 学会用分度头装夹工件的找正方法。

## 项目四 分度头与分度方法

> 知识链接

### 一、万能分度头的结构和传动系统

**1. 万能分度头的型号及功用**

（1）型号 万能分度头的型号由大写的汉语拼音字母和数字两部分组成，例如FW200：

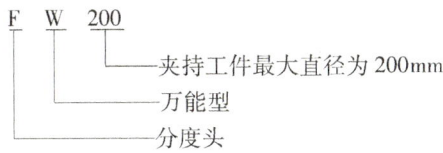

表示该万能型分度头能够夹持工件的最大直径为200mm。常用的万能分度头有FW200、FW250和FW320三种，其中FW250型万能分度头是铣床上应用最为普遍的一种。

（2）功用 万能分度头的主要功用如下：

1）对工件做任意的圆周等分或直线移距分度。

2）把工件的轴线置放成水平、垂直或任意角度的倾斜位置。

3）通过交换齿轮使分度头主轴随铣床工作台的纵向进给运动做连续旋转，以铣削螺旋面和等速凸轮的型面等。

**2. 万能分度头的结构**

万能分度头的外部结构如图4-2所示。

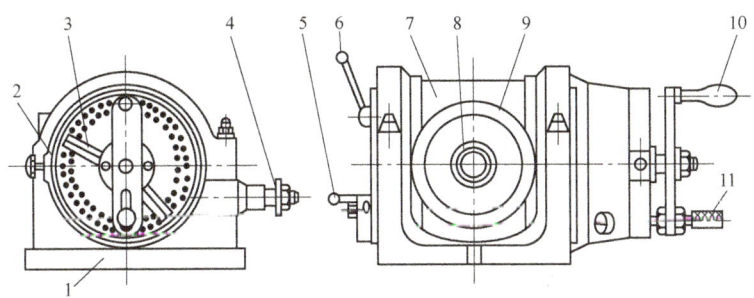

图4-2 万能分度头的外部结构

1—基座 2—分度盘 3—分度叉 4—侧轴 5—蜗杆脱落手柄 6—主轴锁紧手柄
7—回转体 8—主轴 9—刻度盘 10—分度手柄 11—定位插销

（1）基座 基座是分度头的本体，分度头的大部分零件均装在基座上。基座底面槽内装有两块定位键，可与铣床工作台面上的（中央）T形槽相配合，以精确定位。

（2）分度盘（又称孔盘） 分度盘套装在分度手柄轴上，盘上（正、反面）有若干圈在圆周上均布的定位孔，作为各种分度计算和实施分度的依据。分度盘配合分度手柄完成不是整转数的分度工作。不同型号的分度头都配有一或两块分度盘，FW250型万能分度头有两块分度盘。分度盘上孔圈的孔数见表4-1。

分度盘左侧有一紧固螺钉，一般工作情况下分度盘由紧固螺钉固定；松开紧固螺钉，可使分度手柄随分度盘一起做微量的转动，完成差动分度和螺旋面加工等。

表 4-1 分度盘上孔圈的孔数

| 分度头形式 | | 分度盘孔圈的孔数 |
|---|---|---|
| 带一块分度盘 | | 正面:24,25,28,30,34,37,38,39,41,42,43 |
| | | 反面:46,47,49,51,53,54,57,58,59,62,66 |
| 带两块分度盘 | 第1块 | 正面:24,25,28,30,34,37 |
| | | 反面:38,39,41,42,43 |
| | 第2块 | 正面:46,47,49,51,53,54 |
| | | 反面:57,58,59,62,66 |

（3）分度叉（又称扇形股） 分度叉由两个叉脚组成，其开合角度的大小按分度手柄所需转过的孔距数予以调整并固定。分度叉的功用是防止分度差错和方便分度。

（4）侧轴 侧轴用于在分度头主轴间或铣床工作台纵向丝杠间安装交换齿轮，进行差动分度或铣削螺旋面或进行直线移距分度。

（5）蜗杆脱落手柄 蜗杆脱落手柄用于脱开蜗杆与蜗轮的啮合，进行按刻度盘直接分度。

（6）主轴锁紧手柄 主轴锁紧手柄通常用于在分度后锁紧主轴，使铣削力不致直接作用在分度头的蜗杆、蜗轮上，减小铣削时的振动，保持分度头的分度精度。

（7）回转体 回转体用于安装分度头主轴等的壳体形零件，主轴随回转体可沿基座的环形导轨转动，使主轴轴线在 $-6°\sim90°$ 的范围内做不同仰角的调整。调整时，应先松开基座上靠近主轴后端的两个螺母，调整后再予以紧固。

（8）主轴 分度头主轴是一空心轴，前后两端均为莫氏 4 号锥孔（FW250 型），前锥孔用来安装顶尖或锥度心轴，后锥孔安装交换齿轮轴。主轴前端的外部有一段定位锥体（短圆锥），用来安装自定心卡盘的法兰盘。

（9）刻度盘 刻度盘固定在主轴的前端，与主轴一起转动，其圆周面上有 $0°\sim360°$ 的刻线，在直接分度时用来确定主轴转过的角度。

（10）分度手柄 分度手柄用于分度。摇动分度手柄，主轴按一定的传动比回转。

（11）定位插销 定位插销在分度手柄曲柄的一端，可沿曲柄径向移动并调整到所选孔数的孔圈圆周，与分度叉配合进行准确分度。

### 3. 万能分度头的传动系统

万能分度头的传动系统如图 4-3 所示。

分度时，从分度盘定位孔中拔出定位插销，转动分度手柄，手柄轴一起转动，通过一对齿数相同（即传动比 $i=1$）的直齿圆柱齿轮，以及传动比为 40:1 的蜗杆副，使分度头主轴带动工件转动，实现分度。此外，右侧的侧轴通过一对传动比为 1:1 的交错轴传动的斜齿圆柱齿轮与空套在手柄轴上的分度盘相连，当侧轴转动时，带动分度盘转

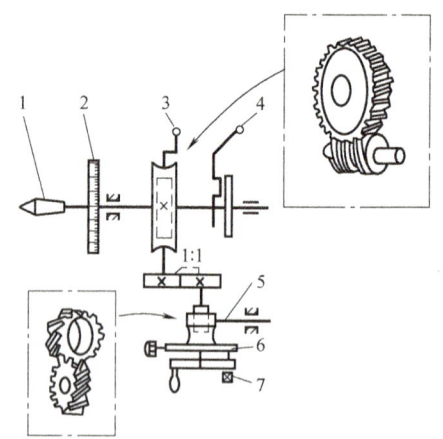

图 4-3 万能分度头的传动系统
1—主轴 2—刻度盘 3—蜗杆脱落手柄
4—主轴锁紧手柄 5—交换齿轮轴
6—分度盘 7—定位插销

动,用于差动分度或铣削螺旋面。

## 二、万能分度头的附件及其功用

(1) 尾座　配合分度头使用,装夹带中心孔的工件。
(2) 顶尖、拨叉、鸡心夹　用来装夹带中心孔的轴类工件。
(3) 交换齿轮轴、交换齿轮架　用来安装交换齿轮。
(4) 交换齿轮　用在分度头上的交换齿轮是成套的,F11125型万能分度头配有12个交换齿轮,其齿数是5的倍数,分别为25(2个)、30、35、40、50、55、60、70、80、90和100。

## 三、用万能分度头及其附件装夹工件的方法

**1. 用自定心卡盘装夹工件**

此法用于装夹轴、套类工件。工件外圆用百分表找正,必要时应在卡爪内垫纯铜皮,如图4-4所示。用百分表找正工件端面时,用铜锤轻轻敲击高点,使轴向圆跳动误差符合规定要求。

**2. 用两顶尖装夹工件**

此法用于装夹两端有中心孔的工件。装夹工件前,应先找正分度头和尾座。找正时,取锥度心轴放入分度头主轴锥孔内,用百分表找正心轴 $a$ 点处的径向圆跳动,如图4-5所示。符合要求后,再找正心轴上 $a$ 和 $a'$ 两点处的高度误差。找正方法是摇动工作台做纵向、横向移动,使百分表通过心轴的上素线,测出 $a$ 和 $a'$ 两点处的高度误差,调整分度头主轴角度,使 $a$ 和 $a'$ 两点高度一致,则分度头主轴上素线平行于工作台台面。然后,找正分度头主轴侧素线与工作台纵向进给方向平行,如图4-6所示。找正

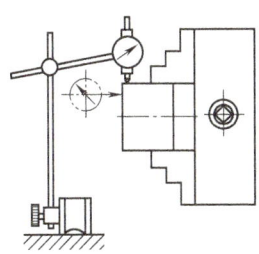

图4-4　在自定心卡盘上装夹工件

方法是将百分表测头置于心轴侧素线处并指向轴心,纵向移动工作台,测出百分表在 $b$ 和 $b'$ 两点处的读数差,调整分度头使两点处读数一致,找正完毕。最后,顶上尾座顶尖进行检测,如不符合要求,则只需找正尾座,使之符合要求,找正方法如图4-7和图4-8所示。

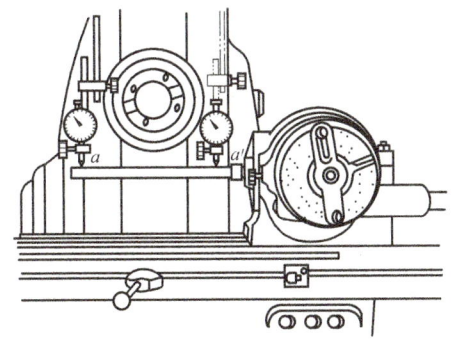

图4-5　找正分度头主轴素线

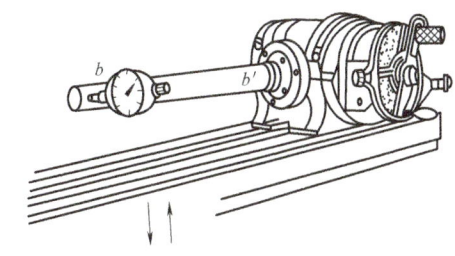

图4-6　找正分度头主轴侧素线

**3. 用一夹一顶装夹工件**

此法用于装夹长轴类工件。装夹工件前,应先找正分度头和尾座,如图4-9所示。

**4. 用心轴装夹工件**

此法用于装夹套类工件。心轴有锥度心轴和圆柱心轴两种。装夹前应先找正心轴轴线与

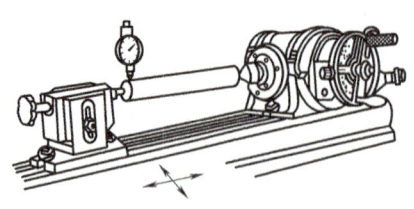

图 4-7 找正尾座素线

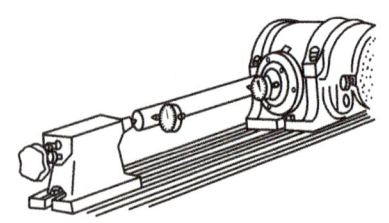

图 4-8 找正尾座侧素线

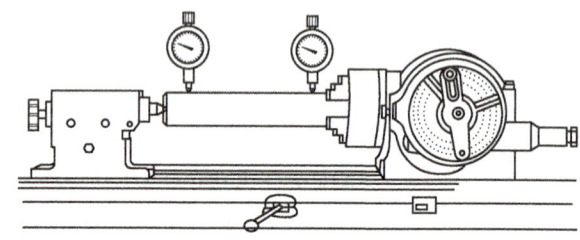

图 4-9 用一夹一顶装夹工件的找正

分度头主轴轴线的同轴度,并找正心轴的上素线与侧素线。

### 四、万能分度头的正确使用和维护

分度头是铣床上的精密附件,正确的使用及日常维护能延长分度头的使用寿命,保持其精度。在使用和维护分度头时应注意以下几点。

1) 分度头蜗杆和蜗轮的啮合间隙（0.02～0.04 mm）不得随意调整,以免间隙过大影响分度精度,间隙过小增加磨损。

2) 在装卸、搬运分度头时,要保护好主轴和锥孔以及基座底面,以免损坏。

3) 在分度头上夹持工件时,最好先锁紧分度头主轴,切忌在扳手上使用接长套管加力。

4) 分度前先松开主轴锁紧手柄,分度后紧固分度头主轴。铣削螺旋槽时,主轴锁紧手柄应松开。

5) 分度时,应顺时针方向转动分度手柄,如手柄摇错孔位,应将手柄逆时针方向转动半圈后再顺时针方向转动到规定孔位。分度定位插销应缓慢插入分度盘的孔内,切勿突然将定位插销插入孔内,以免损坏分度盘的孔眼和定位插销。

6) 调整分度头主轴的仰角时,不应将基座上部靠近主轴前端的两个内六角圆柱头螺钉松开,否则会使主轴的"零位"位置变动。

7) 要保持分度头的清洁,使用前应清除表面脏物,并将主轴锥孔和基座底面擦拭干净。

8) 分度头各部分应按说明书规定定期加油润滑,存放分度头时应涂防锈油。

### 任务实施

#### 一、用两顶尖装夹工件的找正练习

1) 将长度为 300mm 的莫氏 4 号锥度检验心轴插入分度头主轴锥孔内,找正分度头主轴上素线及侧素线,在 300mm 长度上百分表读数差应在 0.03mm 内。

2）取下锥度检验心轴，安装分度头顶尖和尾座顶尖。
3）将标准心轴顶在两顶尖间。
4）找正标准心轴上素线及侧素线至符合要求。

### 二、用一夹一顶装夹工件的找正练习

1）在分度头主轴端安装自定心卡盘。
2）用自定心卡盘装夹标准心轴，并用百分表找正径向圆跳动至符合要求。
3）找正标准心轴上素线、侧素线至符合要求。
4）安装尾座顶尖，并将标准心轴顶紧。
5）找正标准心轴上素线、侧素线，若不符合要求，则仅调整尾座顶尖，使标准心轴上素线、侧素线符合要求。

### 三、注意事项

1）找正用的标准心轴，其尺寸精度以及几何精度应符合要求。
2）使用锥度心轴时，应将分度头主轴锥孔及心轴锥柄擦拭干净，以免影响找正精度。
3）找正时，百分表测量杆应垂直指向标准心轴轴线，测头压紧量不能太大或太小，以免误读或测量不准确。
4）找正时，不准用锤子敲击心轴、分度头和尾座。

## 课后练习

1. 万能分度头的主要功用有哪些？
2. 如何找正万能分度头的主轴？
3. 用万能分度头及其附件装夹工件的方法有哪些？各适用于哪类工件的装夹？
4. 如何正确使用和维护万能分度头？
5. 使用分度头的注意事项有哪些？

## 任务二　用万能分度头分度

### 任务描述

在 X6132 型卧式万能升降台铣床上铣削图 4-10 所示工件，可用万能分度头进行分度。

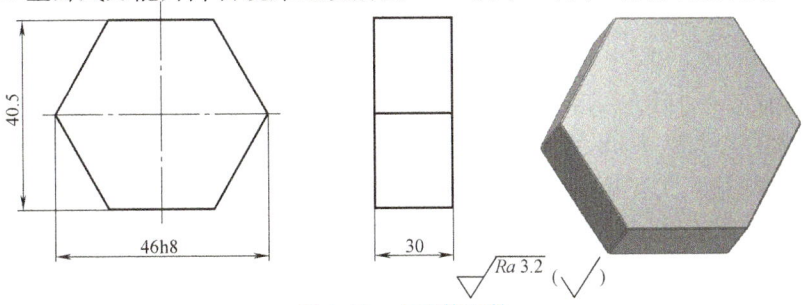

图 4-10　六面体工件

# 铣削加工技术

## 学习目标

1）了解分度原理。
2）熟悉分度方法的计算。
3）掌握分度方法。
4）学会根据工件特点选择合适的分度方法。

## 知识链接

用万能分度头分度有简单分度法、角度分度法和差动分度法。

### 一、简单分度法

简单分度法又称为单式分度法，是最常用的分度方法。用该法分度时，应先将分度盘固定，转动分度手柄，使蜗杆带动蜗轮旋转，从而带动主轴和工件转过一定的转（度）数。

**1. 分度原理**

图4-3 所示为万能分度头的传动系统。分度手柄转过40 转，分度头主轴转过1 转，即传动比为40∶1，该传动比称为分度头的定数。各种常用的分度头（FK 型数控分度头除外）都采用这个定数。定数也就是分度头内蜗杆副的传动比。例如，要使分度头主轴转过1/2 转（即把圆周2 等分），分度手柄需要转过20 转。如果要使分度头主轴转过1/5 转（即把圆周5 等分），分度手柄需要转过8 转。由此可知，分度手柄的转数与工件等分数的关系为

$$40:1 = n:\frac{1}{z}, n = \frac{40}{z} \tag{4-1}$$

式中　$n$——分度手柄的转数；
　　　40——分度头的定数；
　　　$z$——工件的等分数（齿数或边数）。

式（4-1）为简单分度的计算公式。当计算得到的转数不是整数而是分数时，可利用分度盘上相应的孔圈进行分度。具体方法是选择分度盘上某孔圈，其孔数为分母的整倍数，然后将该真分数的分子、分母同时增大到整数倍，利用分度叉实现非整转数部分的分度。

**例 1**：在 F11125 型万能分度头上铣削一个正四边形工件，试求每铣削完一边时，分度手柄应转过多少转。

**解**：以 $z=4$ 代入式（4-1）得

$$n = \frac{40}{z} = \frac{40}{4} = 10$$

**答**：每铣削完一边后，分度手柄应转过 10 转。

**例 2**：铣削一个齿数为 48 的齿轮，分度手柄应转过多少转后再铣削第二个齿？

**解**：以 $z=48$ 代入式（4-1）得

$$n = \frac{40}{z} = \frac{40}{48} = \frac{5}{6} = \frac{55}{66}$$

**答**：分度手柄应在分度盘孔数为 66 的孔圈上转过 55 个孔距数。

**2. 分度盘和分度叉的使用**

由例 1 和例 2 可以看出，当按式（4-1）计算得到的分度手柄转数为分数（手柄转数不是整转数）时，对其非整转数部分的分度需要使用分度盘和分度叉，使用分度盘和分度叉时应注意以下两点。

1）选择孔圈时，在满足孔数是分母整数倍的条件下，一般应选择孔数较多的孔圈。

2）分度叉（图 4-11）两叉脚间的夹角可调，调整的方法是使两叉脚间的孔数比需要的孔数应多 1 个。每次分度时，将定位插销从叉脚 1 内侧的定位孔中拔出并转动 90°后锁住，然后摇动分度手柄所需的整数圈后，将定位插销摇到叉脚 2 内侧的定位孔上方，将定位插销转动 90°后轻轻插入该定位孔内，然后转动分度叉使叉脚 1 靠紧定位插销（此时叉脚 2 转动到下一次分度时所需的定位位置）。

## 二、角度分度法

角度分度法是简单分度的另一种形式，只是计算的依据不同，简单分度时是以工件的等分数 z 作为计算分度的依据，而角度分度法是以工件所需转过的角度 θ 作为计算的依据。由于分度手柄转过 40 转，分度头主轴带动工件转过 1 转，即 360°，所以分度手柄每转 1 转，工件转过 9°或 540′，因此可得出角度分度法的计算公式为

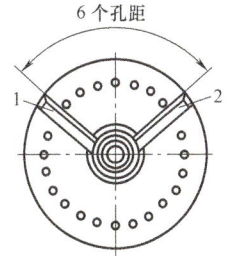

图 4-11　分度叉
1、2—叉脚

工件角度 θ 的单位为度（°）时

$$n = \frac{\theta}{9°} \tag{4-2}$$

工件角度 θ 的单位为分（′）时

$$n = \frac{\theta}{540'} \tag{4-3}$$

式中　n——分度手柄的转数；
　　　θ——工件所需转的角度（°或′）。

**例 3**：在 F11125 型万能分度头上，铣削夹角为 90°的两条槽，求分度手柄转过的转数。

**解**：以 θ = 90°代入式（4-2）得

$$n = \frac{\theta}{9°} = \frac{90°}{9°} = 10$$

**答**：分度手柄应转过 10 转。

**例 4**：要加工 30 齿的齿轮，求加工完一个齿后，分度手柄应转的转数。

**解**：30 齿齿轮各齿相距的角度应为

$$\frac{360°}{30} = 12° = 720'$$

以 θ = 720′代入公式（4-3）得

$$n = \frac{\theta}{540'} = \frac{720'}{540'} = 1\frac{180}{540} = 1\frac{18}{54}$$

**答**：分度手柄在孔数为 54 的孔圈上转 1 转又 18 个孔距。

## 三、差动分度法

在实际铣削中，有时会遇到工件的等分数较大且与分度头定数 40 不能相约分（如 $z=127$，$n=40/127$），或相约后分度盘上没有所需要的孔圈（如 $z=126$，$n=40/126=20/63$）的情况。由于受到分度盘孔圈数的限制，此时就不能使用简单分度法分度，可采用差动分度法进行分度。

**1. 差动分度原理**

差动分度法就是在分度头主轴后锥孔中装上交换齿轮轴，用交换齿轮把分度头的主轴与侧轴连接起来，如图 4-12 所示。分度时松开分度盘的紧固螺钉，按预定的转数转动分度手柄进行分度时，在分度头主轴转动的同时，分度盘相对于分度手柄以相同或相反的方向转动，因此分度手柄实际的转数 $n$ 是分度手柄相对于分度盘的转数 $n_o$ 与分度盘自身转数 $n_p$ 之和或差，即 $n = n_o \pm n_p$，差动分度的原理如图 4-13 所示。分度时，先取一个与工件要求的等分数 $z$ 相近且能进行简单分度的假定等分数 $z_o$，并按 $z_o$ 计算每次分度时分度手柄的转数 $n_o$（即 $n_o = 40/z_o$），并选择分度盘孔圈和调整分度叉夹角（包含的孔距数）。准确分度时分度手柄应转的转数 $n = 40/z$，$n$ 与 $n_o$ 的差值由分度头主轴通过交换齿轮带动分度盘转动来补偿。由差动分度传动系统结构（图 4-12b）可知，当分度头主轴转过 $1/z$ 转时，分度盘转过 $n_p = \dfrac{1}{z} \dfrac{z_1 z_3}{z_2 z_4}$ 转。

根据差动分度原理，$n = n_o + n_p$，得

$$\frac{40}{z} = \frac{40}{z_o} + \frac{1}{z} \frac{z_1 z_3}{z_2 z_4}$$

交换齿轮的传动比为

$$\frac{z_1 z_3}{z_2 z_4} = \frac{40(z_o - z)}{z_o} \tag{4-4}$$

式中　$z_1$、$z_3$——主动交换齿轮的齿数；
　　　$z_2$、$z_4$——从动交换齿轮的齿数；
　　　　$z$——实际等分数；
　　　　40——假定等分数。

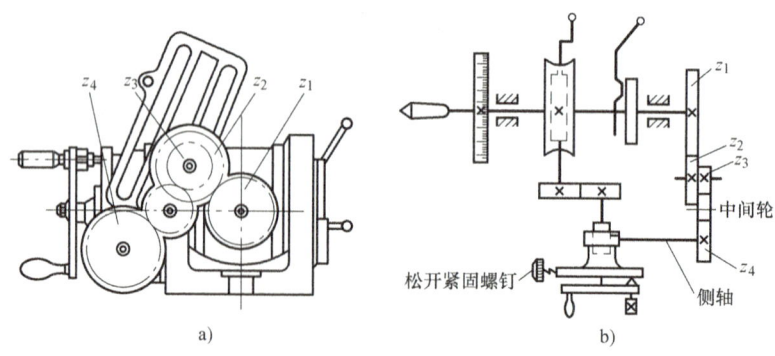

图 4-12　差动分度
a）安装交换齿轮　b）传动系统结构

由式（4-4）可知，当 $z_o<z$ 时，交换齿轮的传动比为负值，说明分度盘与分度手柄的转动方向相反；当 $z_o>z$ 时，交换齿轮的传动比为正值，分度盘与分度手柄的转动方向相同，分度盘的转向可通过在交换齿轮中加入或不加中间轮来调整。实践证明，当采用 $z_o<z$ 时，分度盘与分度手柄的转动方向相反，可以避免分度头传动副间隙的影响，使分度均匀。因此，在差动分度时，选取的假定等分数通常都小于实际等分数。

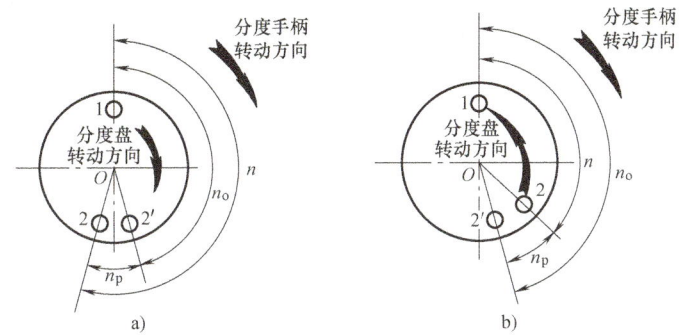

图 4-13　差动分度原理

a) 分度盘与分度手柄转动方向相同　b) 分度盘与分度手柄转动方向相反

**2. 差动分度的计算**

1）选取假定等分数 $z_o$，一般 $z_o<z$。

2）根据 $z_o$，按 $n_o=40/z_o$ 计算分度手柄相对分度盘的转数 $n_o$，并选择分度盘相应孔圈（孔数）。

3）按式（4-4）计算交换齿轮的传动比，确定交换齿轮齿数。

**例 5**：现需将工件进行 83 等分，试计算交换齿轮齿数和分度手柄转数，选择分度盘孔圈。

**解**：选取假定等分数 $z_o$，设 $z_o=80$，计算分度手柄转数 $n_o$。

$$n_o = 40/z_o = 40/80 = 1/2 = 27/54$$

即每分度 1 次，分度手柄相对分度盘在 54 孔的孔圈上转过 27 个孔距（分度叉内包含 28 个孔）。

计算交换齿轮齿数

$$\frac{z_1 z_3}{z_2 z_4} = \frac{40(z_o-z)}{z_o} = \frac{40 \times (80-83)}{80} = -\frac{3}{2} = -\frac{90}{60}$$

得到主动齿轮 $z_1=90$，从动齿轮 $z_4=60$，分度盘与分度手柄转向相反，交换齿轮采用单式轮系，加两个中间轮，如图 4-14 所示。

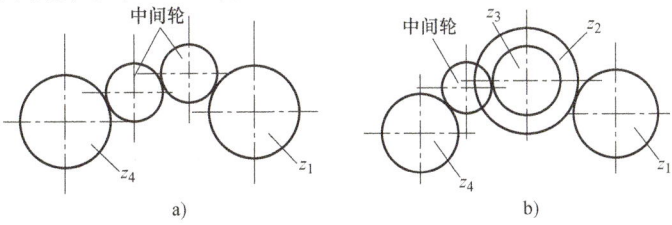

图 4-14　万能分度头分度形式

铣削加工技术

## 任务实施

加工图 4-10 所示工件。

**1. 准备工作**

1)毛坯件:材料为 45 钢,毛坯尺寸为 $\phi50mm \times 35mm$。

2)设备:X6132 型卧式万能升降台铣床。

3)工具:机用虎钳、分度头、尾座、$\phi60mm$ 面铣刀、圆柱形铣刀、垫铁、铜锤、划针盘、游标卡尺、游标万能角度尺、百分表、磁力表座。

**2. 铣削过程**

工件的装夹与找正、刀具的装夹过程略,按表 4-2 所列步骤进行加工。

表 4-2 操作步骤

| 序号 | 操作步骤 | 加工示意图 | 操作方法及加工内容 |
|---|---|---|---|
| 1 | 粗铣两个端面 | | 用面铣刀粗铣平面,背吃刀量为 2mm,每齿进给量取 0.3mm/z,铣削速度取 20m/min,留精铣余量 0.5mm |
| 2 | 精铣两个端面 | | 用面铣刀精铣平面,背吃刀量为 1mm,每齿进给量取 0.05mm/z,铣削速度取 30m/min,保证厚度 30mm |
| 3 | 铣平面 | | 用一顶一夹方法装夹工件,用圆柱铣刀粗、精铣平面至所需尺寸 |
| 4 | 铣其余各面 | | 铣完一面,分度手柄转过 6 转,又在分度盘孔数为 66 孔圈上转过 44 个孔距数,依次用圆柱铣刀粗、精铣其余各平面至所需尺寸 |
| 5 | 质量检测 | | 检验工件是否达到图样要求 |

## 3. 检验

加工完毕后卸下工件，仔细测量各部分尺寸。

## 4. 清理

将工件送交检验后，清点工具，清扫工作场地。

## 任务评价

根据表 4-3 的要求检测工件，并将检测结果填入表中。

表 4-3　工件检测评价表

| 序号 | 检测项目 | 考核内容 | 配分 | 评分标准 | 检测结果 | 得分 |
|---|---|---|---|---|---|---|
| 1 | 外形尺寸 | 46h8 | 20 | 超差不得分 | | |
| | | 40.5mm | 20 | 超差不得分 | | |
| | | 30mm | 15 | 超差不得分 | | |
| 2 | 表面结构 | $\sqrt{Ra\ 3.2}$ | 10 | 超差不得分 | | |
| 3 | 工具设备的使用与维护 | 正确、规范使用工具、量具、刃具，合理保养及维护工具、量具、刃具 | 5 | 不符合要求酌情扣 1~5 分 | | |
| | | 正确、规范使用设备，合理保养及维护设备 | 5 | 不符合要求酌情扣 1~5 分 | | |
| | | 操作姿势、动作正确 | 5 | 不符合要求酌情扣 1~5 分 | | |
| 4 | 安全生产及其他 | 安全文明生产，遵守国家有关法规或企业的有关规定 | 5 | 不符合要求酌情扣 1~5 分 | | |
| | | 操作、工艺规程正确 | 5 | 不符合要求酌情扣 1~5 分 | | |
| 5 | 完成任务时间 | 45min | 10 | 每超过 10min 扣 5 分，超过 20min 为不合格 | | |
| 总分 | 100 | 最后得分： | | 指导教师签字： | | |

## 课后习题

加工图 4-15 所示工件。

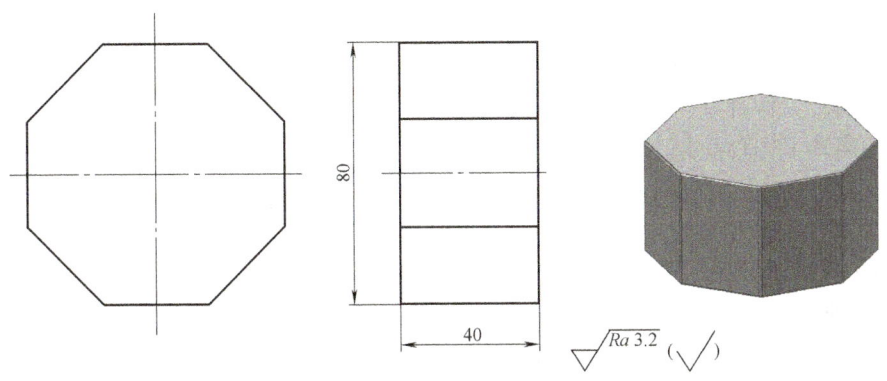

图 4-15　课后练习图

# 铣削加工技术

## 任务三　用回转工作台分度

### 任务描述

回转工作台是铣床的主要附件之一，根据其回转轴线的方向分为卧轴式和立轴式两种。铣床上常用的是立轴式回转工作台，按对其施力的方式不同，分成手动进给和机动进给两种。手动进给回转工作台如图 4-16 所示，只能手动进给；机动进给回转工作台如图 4-17 所示，既可机动进给，又可手动进给。机动进给回转工作台的结构与手动进给回转工作台基本相同，主要差别是它的传动轴 4 可通过万向联轴器与铣床传动装置连接，实现机动回转进给，离合器手柄 3 可改变圆工作台 1 的回转方向和停止圆工作台的机动进给。

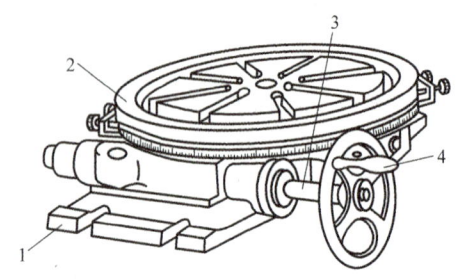

图 4-16　手动进给回转工作台

1—底座　2—圆工作台　3—蜗杆轴　4—手柄

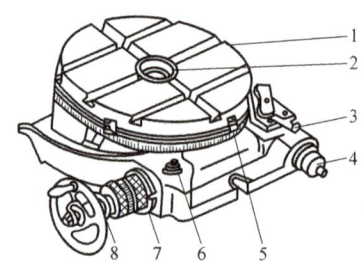

图 4-17　机动进给回转工作台

1—圆工作台　2—锥孔　3—离合器手柄
4—传动轴　5—挡铁　6—螺母　7—偏心环　8—手轮

　　回转工作台的规格以圆工作台的外径表示，有 160mm、200mm、250mm、320mm、400mm、500mm、630mm、800mm、1000mm 等规格。常用的回转工作台蜗杆副的传动比，有 60∶1、90∶1 和 120∶1 三种，即回转工作台的手轮转 1 转，圆工作台相应地转过 1/60 转、1/90 转和 1/120 转，也就是回转工作台的定数有 60、90 和 120 三种。

　　回转工作台主要用于中、小型工件的圆周分度和做圆周进给铣削回转曲面，如铣削工件上圆弧形周边、圆弧形槽、多边形工件和有分度要求的槽或孔等。

### 学习目标

1）了解回转工作台的分度原理。
2）熟悉回转工作台分度方法的计算。
3）掌握回转工作台的分度方法。

### 知识链接

**1. 回转工作台的分度原理**

其分度原理与万能分度头相同。回转工作台可配带分度盘，在蜗杆轴（即手轮轴）上套装分度盘和分度叉，转动带有定位插销的分度手柄，则蜗杆轴转动，并带动蜗轮（即圆工作台）和工件回转，达到分度的目的。

　　回转工作台与万能分度头不同的是在回转工作台上只能做简单分度（或角度分度），不能进行差动分度。此外，回转工作台的定数不是 40。

**2. 回转工作台的分度计算**

根据回转工作台三种不同的定数和手柄与圆工作台转数间的关系，与万能分度头的简单分度法同理，可导出回转工作台简单分度法的计算公式为

$$n = \frac{60}{z} \tag{4-5}$$

$$n = \frac{90}{z} \tag{4-6}$$

$$n = \frac{120}{z} \tag{4-7}$$

式中　　$n$——分度时回转工作台手柄的转数；

　　　　$z$——工件的圆周等分数；

60、90、120——回转工作台的定数。

**例 6**：已知工件的圆周等分数为 14，要求在定数为 90 的回转工作台上进行简单的分度，计算回转工作台分度手柄转过的转数。

**解**：已知 $z = 14$，将其代入式（4-6）得

$$n = \frac{90}{z} = \frac{90}{14} = 6\frac{6}{14} = 6\frac{18}{42}$$

**答**：分度时，手柄在孔数为 42 的孔圈上转 6 转又 18 个孔距。

## 课后练习

1. 什么是分度头的定数？常用分度头的定数是多少？
2. 试做下列等分数在 FW250 型万能分度头上的简单分度计算。
（1）$z = 18$　　（2）$z = 35$　　（3）$z = 64$
3. 在 FW250 型万能分度头上，试做下列角度分度计算。
（1）$\theta = 20°$　　（2）$\theta = 42°50'$　　（3）$\theta = 85°20'$
4. 用 FW250 型万能分度头铣削齿数 $z = 73$ 的直齿圆柱齿轮，应如何分度？

# 项目五

## 孔的铣削

在铣床上加工孔的方法很多,本项目以两个零件为例介绍钻孔、镗孔和铰孔的相关知识和加工方法。

## 任务一  铣削单孔

### 任务描述

加工图 5-1 所示工件上的孔,工件外形已加工完毕,尺寸为 120mm × 120mm × 20mm,

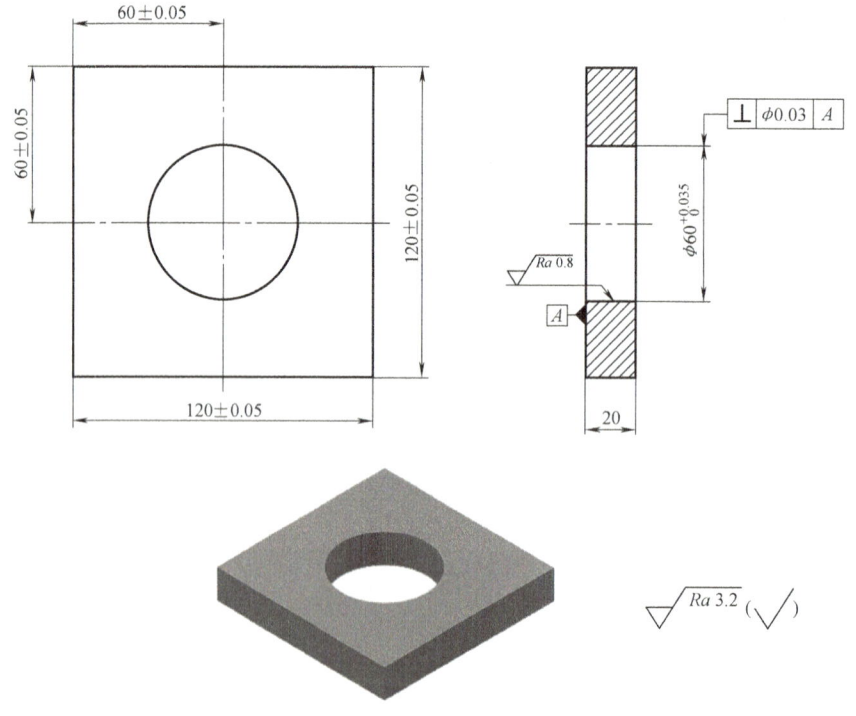

图 5-1  孔加工工件

工件材料为 45 钢,为单件生产。

## 学习目标

1)孔的有关技术要求。
2)会在铣床上钻孔的方法。
3)掌握孔的检测方法。
4)了解铰刀的结构及种类。
5)会在铣床上铰孔。
6)会对在铣床上钻、铰的孔进行质量分析。

## 知识链接

### 一、孔的技术要求

1)孔的尺寸精度主要是孔的直径,其次是孔的深度。用麻花钻钻孔的尺寸精度可达 IT11~IT12。

2)孔的几何精度主要有孔的圆度、圆柱度、轴线的直线度、孔与孔或孔与外圆之间的同轴度、孔与孔的轴线或孔的轴线与基准面的平行度、孔的轴线与基准面的垂直度、孔的轴线对基准的偏移量的位置度要求。

3)孔的表面粗糙度值可达 $Ra6.4 \sim 12.5 \mu m$。

### 二、麻花钻的刃磨与安装

在铣床上钻孔大多采用麻花钻。用麻花钻加工孔的精度比较低,一般不高于 IT9,表面粗糙度值也较大。麻花钻有直柄和锥柄两种。直柄麻花钻的直径一般为 0.3~20mm,锥柄麻花钻的柄部大多为莫氏锥度。

麻花钻变钝后,需要进行刃磨,其刃磨质量直接关系到钻孔质量、生产率以及钻头的寿命,因此必须十分重视钻头的刃磨。麻花钻的刃磨与安装见表 5-1。

表 5-1 麻花钻的刃磨与安装

| 操作内容 | 要点说明 | 示意图 |
| --- | --- | --- |
| 刃磨麻花钻 | 1)右手握住(左手也可)麻花钻前部起定位作用,左手握住麻花钻柄部,使麻花钻轴心线与砂轮表面成 59°角,如图 a 所示;使柄部向下倾斜 12°~15°,如图 b 所示<br>2)使麻花钻后面接触砂轮表面,右手使麻花钻绕轴线做微量转动,左手使麻花钻的柄部做少量的上下摆动,就可同时磨出主切削刃和后面<br>3)将麻花钻转过 180°,用同样的方法刃磨另一主切削刃,也可交替地磨削两切削刃 | <br>a) |

（续）

| 操作内容 | 要点说明 | 示意图 |
| --- | --- | --- |
| 刃磨麻花钻 | 4）检查刃磨后的两个主偏角是否达到要求，轴线是否对称，两主切削刃长度是否相等。检查时，左手拿麻花钻柄部竖直放在面前，右手指放在钻头顶部，两眼平视，目测主偏角 $\kappa_r$，两边长、短和高低是否一致。如不符合要求，应再进行刃磨；或用游标卡尺和量角器测量刃长和角度<br>5）检查横刃斜角是否为 $55°$。进行目测，修磨横刃，达到图 c 所示的刃磨麻花钻的要求 | b)<br>$\phi=118°$　$\kappa_r=59°$　$50°\sim 55°$<br>c) |
| 安装麻花钻 | 1）安装锥柄钻头：锥柄钻头可直接或用变径套安装在铣床用带腰形槽锥孔的变径套内，如图 d 所示<br>2）安装直柄钻头：直接安装在铣夹头及弹性套内，与安装直柄立铣刀的方法相同；或安装在钻夹头内，如图 e 所示 | d)　　e) |

刃磨麻花钻时的注意事项如下：

1）刃磨时，用力要均匀，不能用力过猛，应经常目测磨削情况，随时修正。

2）刃磨时，应注意磨削温度不应过高，要经常在水中冷却钻头，以防退火降低硬度，从而降低切削性能。

3）刃磨时，钻头切削刃的位置应略高于砂轮中心平面，以免磨出负后角，致使钻头无法切削。

4）刃磨时，不要由刃背磨向刃口，以免造成刃口退火。

## 三、钻削用量

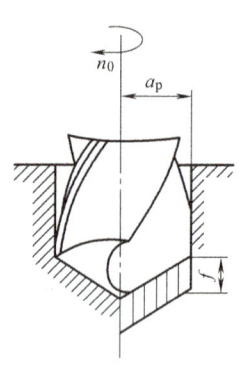

图5-2　钻削用量

图5-2所示为钻削用量。

**1. 切削速度 $v_c$**

$$v_c = \pi d n / 1000$$

式中，$d$ 为麻花钻直径（mm）；$n$ 为转速（r/min）。

**2. 进给量 $f$**

麻花钻每回转一周，麻花钻与工件在进给方向（麻花钻轴向）上的相对位移量，称为每转进给量,用 $f$ 表示,单位为 mm/r。

**3. 背吃刀量 $a_p$**

一般指通过切削刃基点并垂直于工作平面方向上测量的吃刀量,即已加工表面与待加工表面间的垂直距离。

钻孔时,切削速度 $v_c$ 主要根据被钻孔工件的材料和所钻孔的表面粗糙度要求及麻花钻的寿命来选择。一般在铣床上钻孔时,由于工件做进给运动,因此钻削速度应选得低一些;当钻孔直径较大时,也应在规定范围内选择低些的钻削速度。表 5-2 为钻削速度选用表。

表 5-2 钻削速度 $v_c$ 选用表 (单位:m/min)

| 加工材料 | $v_c$ | 加工材料 | $v_c$ |
| --- | --- | --- | --- |
| 低碳钢 | 25~30 | 铸铁 | 20~25 |
| 中、高碳钢 | 20~25 | 铝合金 | 40~70 |
| 合金钢、不锈钢 | 15~20 | 铜合金 | 20~40 |

进给量的选择与钻孔直径的大小、工件材料及孔表面质量等有关。在铣床上钻孔一般采用手动,但也可采用机动。每转进给量,在加工铸铁和有色金属材料时可取 0.15~0.50 mm/r,加工钢材时可取 0.10~0.35mm/r。

## 任务实施

### 一、钻孔方法

在铣床上钻孔,主要有划线钻孔、按靠刀法钻孔、用分度头或回转工作台装夹工件钻孔等几种方法,具体见表 5-3。

表 5-3 常用钻孔方法

| 钻孔方式 | 方法说明 | 示 意 图 |
| --- | --- | --- |
| 划线钻孔 | 若钻头与孔位偏心,则应重新进行校准。校准时,可在浅孔坑与划线距离较大处錾几条浅槽,如图 a 所示。校准并落钻再试钻,待对准后即可开始钻孔 | a) 划线钻孔<br>1—錾槽校准钻偏的孔 2—钻偏的孔坑 3—被钻孔的控制线 |
| 靠刀法钻孔 | 当孔对基准的孔距尺寸精度要求较高时,用划线法钻孔不易控制,此时可利用铣床的纵向、横向手轮刻度,采用靠刀法对刀钻孔,如图 b 所示 | b) 用靠刀法移距确定孔的中心位置 |

(续)

| 钻孔方式 | 方法说明 | 示意图 |
|---|---|---|
| 用分度头或回转工作台装夹工件钻孔 | 在盘类工件上钻削圆周等分孔时,可在分度头或回转工作台上装夹工件钻孔。<br>1)在分度头上分度钻孔(图c)。直径不大的盘类工件,可安装在分度头上分度钻孔<br>2)当工件尺寸较大时,可将工件用压板装夹在回转工作台上钻孔(图d) | c)用分度头装夹工件钻孔<br><br>d)在回转工作台上装夹工件钻孔<br>1—钻头 2—工件 3—自定心卡盘 4—压板 |

## 二、铰孔

### 1. 铰刀的种类和特点

铰刀由工作部分、颈部和柄部三部分组成。铰刀的种类很多,按其使用时的动力来源不同,分为手用铰刀和机用铰刀两大类;按所铰削的孔不同,分为圆柱铰刀和圆锥铰刀;按结构不同,则可分为整体式铰刀和套式铰刀等;按刀具的材料不同,分为高速工具钢铰刀和硬质合金铰刀。手用铰刀的切削部分比机用铰刀的要长,校准部分只有一段倒锥结构。铰孔的切削余量很小,所以铰刀的前角对铰削变形影响不大。铰削近于刮削,可减小孔壁的表面粗糙度值。机用铰刀工作部分镶硬质合金刀片,适用于高速铰孔和铰削硬材料。

### 2. 铰孔方法

(1) 铰削前的孔加工　铰孔是用铰刀对已粗加工或半精加工的孔进行精加工。铰孔之前,一般先经过钻孔或扩孔。要求较高的孔,需先扩孔或镗孔;对精度要求高的孔,还需分粗铰和精铰。

(2) 铰孔余量的确定　铰孔余量的大小直接影响铰孔的质量。余量太小时,上道工序所残留的加工痕迹不能被全部铰去;余量太大,会使孔的精度降低,表面粗糙度值增大。

选择铰孔余量时,应考虑铰孔精度、表面粗糙度、孔径的大小、工件材料的软硬和铰刀类型等因素。表5-4列出了铰孔余量。

表 5-4　铰孔余量　　　　　　　　　　　　　　（单位：mm）

| 孔的直径 | ≤6 | >6~10 | >10~18 | >18~30 | >30~50 | >50~80 | >80~120 |
|---|---|---|---|---|---|---|---|
| 粗铰 | 0.10 | 0.10~0.15 | 0.10~0.15 | 0.15~0.20 | 0.20~0.30 | 0.35~0.45 | 0.50~0.60 |
| 精铰 | 0.04 | 0.04 | 0.05 | 0.07 | 0.07 | 0.10 | 0.15 |

注：如仅用一次铰孔，铰孔余量为表中粗、精铰余量的总和。

（3）切削速度与进给量　在铣床上使用普通高速工具钢铰刀铰孔，加工材料为铸铁时，切削速度 $v_c$≤10m/min，进给量 $f$≤0.8mm/r；加工材料为钢时，切削速度 $v_c$≤8m/min，进给量 $f$≤0.4mm/r。

（4）切削液的选择　铰孔时由于加工余量小，切屑一般都很细碎，容易黏附在切削刃上，甚至夹在孔壁与铰刀棱边之间，将已加工表面刮毛。此外，铰刀的切削速度虽低，但因在半封闭状态下工作，热量传导困难。为了能获得较小的表面粗糙度值和延长刀具的寿命，所选用的切削液应具有一定的流动性，以冲去切屑和降低温度，并应具有良好的润滑性。具体选择时：铰削韧性材料时，可采用乳化液或极压乳化液；铰削铸铁等脆性材料时，一般采用煤油或煤油与矿物油的混合油。

（5）铰孔时的注意事项

1）在铣床上装夹铰刀，有浮动连接与固定连接两种方式。采用固定连接时，必须防止铰刀偏摆，否则铰出的孔径会超差。

2）铰刀的轴线与钻、扩后孔的轴线应同轴。因此，钻孔、扩孔、铰孔最好连续进行，以保证加工精度。

3）铰刀退出工件时不能反转、停车，铰刀反转会使切屑轧在孔壁和铰刀刀齿的后面之间，将孔壁刮毛，同时铰刀也容易磨损，甚至崩刃。因此，必须在铰刀退离工件后再停车。

4）铰通孔时，铰刀的找正部分不能全部铰出孔外，否则会刮坏孔的出口端，退刀也会产生困难。

5）铰刀是精加工刀具，用毕应擦净加油，放置时要防止切削刃被碰坏。

## 三、在铣床上钻孔常见的质量问题及其产生的原因和铰削质量分析

### 1. 在铣床上钻孔常见的质量问题及其产生的原因

在铣床上钻孔常见的质量问题及其产生的原因见表5-5。

表 5-5　在铣床上钻孔常见的质量问题及其产生的原因

| 质量问题 | 产生的原因 |
|---|---|
| 孔大于规定尺寸 | 1）钻头两切削刃长度不等，高低不一致<br>2）立铣头主轴径向摆动，或工作台未锁紧，有松动<br>3）钻头本身弯曲或装夹不好，使钻头有过大的径向圆跳动误差 |
| 孔壁粗糙 | 1）钻头不锋利<br>2）进给量太大<br>3）切削液选用不当或供应不足<br>4）钻头过短、排屑槽堵塞 |
| 孔位偏移 | 1）工件划线不正确<br>2）钻头横刃太长,定心不准,起钻过偏而没有找正 |

(续)

| 质量问题 | 产生的原因 |
|---|---|
| 孔歪斜 | 1）工件上与孔垂直的平面与主轴不垂直，或立铣头主轴与台面不垂直<br>2）安装工件时，安装接触面上的切屑未清除干净<br>3）工件装夹不牢，钻孔时产生歪斜或工件有砂眼<br>4）进给量过大使钻头产生弯曲变形 |
| 钻孔呈多角形 | 1）钻头后角太大<br>2）钻头两主切削刃长短不一，角度不对称 |
| 钻头工作部分折断 | 1）钻头用钝仍继续钻孔<br>2）钻孔时未经常退钻排屑，使切屑在钻头螺旋槽内堵塞<br>3）孔将要钻通时没有减小进给量<br>4）进给量过大<br>5）工件未夹紧，钻孔时产生松动<br>6）在钻黄铜一类软金属时，钻头后角太大，前角又没有修磨小，造成扎刀 |

**2. 铰削的质量分析**

铰孔时的切削用量一般均比较小，而铰刀装夹的刚性又较差，所以铰削时都以铰削前孔的位置为基准均匀地切去余量。因此，铰孔不能纠正孔的位置误差，对孔的形状误差（主要是圆度误差）纠正能力也不强。故在铰孔前，孔的位置精度和形状精度都必须达到一定的要求。铰孔时，影响铰削质量的因素较多，常见的质量问题及其产生的原因见表5-6。

表5-6 在铣床上铰孔常见的质量问题及其产生的原因

| 质量问题 | 产生的原因 |
|---|---|
| 表面粗糙度值太大 | 1）铰刀刃口不锋利或有崩裂，铰刀切削部分和找正部分不光洁<br>2）铰刀切削刃上黏有积屑瘤，容屑槽内切屑黏积过多<br>3）铰削余量太大或太小<br>4）切削速度太高，以致产生积屑瘤<br>5）铰刀退出时反转<br>6）切削液选择不当或浇注不充分<br>7）铰刀偏摆过大 |
| 孔径扩大 | 1）铰刀与孔的中心不重合，铰刀偏摆过大<br>2）铰削余量和进给最过大<br>3）切削速度太高，铰刀温度上升而直径增大<br>4）操作者粗心，未仔细检查铰刀直径和铰孔直径 |
| 孔径缩小 | 1）铰刀超过磨损标准，尺寸变小仍继续使用<br>2）铰刀磨钝后继续使用，造成孔径过度收缩<br>3）铰削钢料时加工余量太大，铰后内孔弹性变形恢复，使孔径缩小<br>4）铰削铸铁时加了煤油 |
| 孔轴线不直 | 1）铰孔前的预加工孔不直，铰小孔时由于铰刀刚度小，而未能纠正原有的弯曲<br>2）铰刀的顶角 $2\kappa_r$ 太大，导向不良，使铰削时方向发生偏斜 |
| 孔呈多棱形 | 1）铰削余量太大，铰刀切削刃不锋利，使铰削时发生"啃切"现象，发生振动而出现多棱形<br>2）铰前预加工孔圆度误差太大，使铰孔时铰刀发生弹跳现象<br>3）机床主轴振摆太大 |

## 四、加工过程

**1. 准备工作**

1）工件：材料为 45 钢，毛坯尺寸符合图样要求。

2）设备：X6132 型卧式万能升降台铣床。

3）工具：机用平口钳、麻花钻、扩孔钻、机用铰刀、垫铁、铜锤、划针盘、直尺、游标卡尺、百分表、磁力表座。

**2. 加工步骤**

工件的装夹与找正、刀具的装夹过程略，按表 5-7 所列步骤进行加工。

表 5-7 孔加工操作步骤

| 序号 | 操作步骤 | 加工示意图 | 操作方法及加工内容 |
|---|---|---|---|
| 1 | 按图样划出孔的中心位置并打样冲眼 | 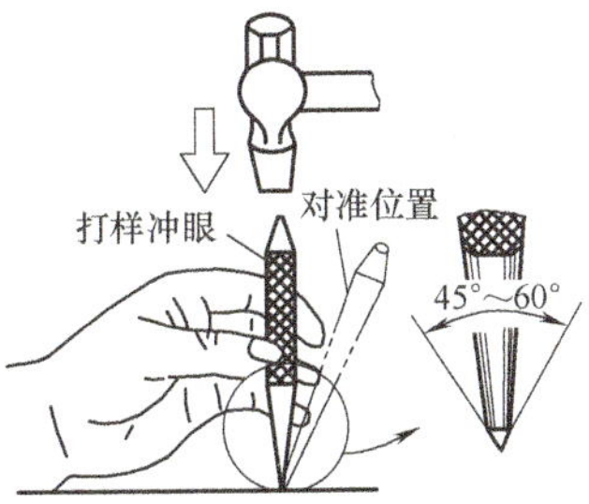 | 用划针划出孔中心位置后打样冲眼 |
| 2 | 在铣床上钻孔 | 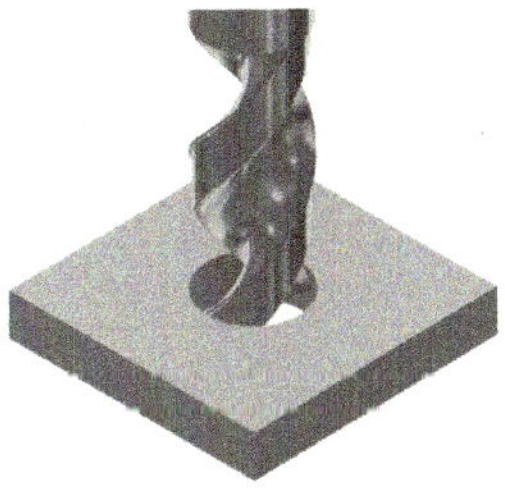 | 用锥柄麻花钻钻孔，主轴转速为750r/min，操作时垂直缓慢进给 |
| 3 | 在铣床上扩孔 | 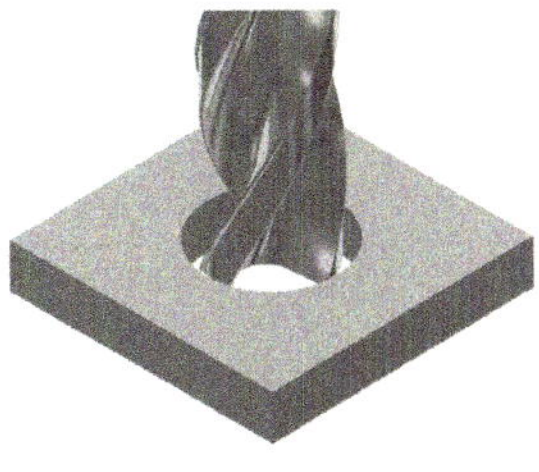 | 用锥柄麻花钻扩孔，主轴转速为750r/min，操作时垂直缓慢进给，留有 0.35～0.45mm 的铰孔余量 |
| 4 | 在铣床上铰孔 | 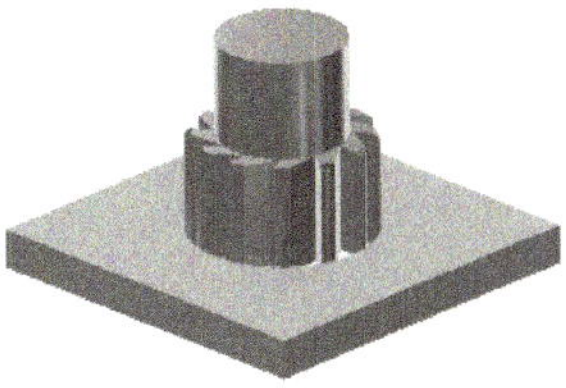 | 分别用铰刀进行粗、精铰孔，切削速度$v_c$ = 8m/min，操作时垂直缓慢进给 |

（续）

| 序号 | 操作步骤 | 加工示意图 | 操作方法及加工内容 |
|---|---|---|---|
| 5 | 质量检测 |  | 检验工件是否达到图样要求 |

**3. 检验**

加工完毕后卸下工件，仔细测量各部分尺寸，平面度用百分表检测。

**4. 清理**

将工件送交检验后，清点工具，清扫工作场地。

## 任务评价

根据表 5-8 的要求检测工件，并将检测结果填入表中。

表 5-8　工件检测评价表

| 序号 | 检测项目 | 考核内容 | 配分 | 评分标准 | 检测结果 | 得分 |
|---|---|---|---|---|---|---|
| 1 | 外形尺寸 | 120±0.05mm | 5 | 超差不得分 | | |
| | | 120±0.05mm | 5 | 超差不得分 | | |
| | | 20mm | 5 | 超差不得分 | | |
| | | 60±0.05mm | 5 | 超差不得分 | | |
| | | 60±0.05mm | 5 | 超差不得分 | | |
| | | $\phi 60^{+0.035}_{0}$ mm | 5 | 超差不得分 | | |
| 2 | 几何公差 | ⊥ $\phi$0.03 A | 15 | 超差不得分 | | |
| 3 | 表面结构 | $\sqrt{Ra\ 0.8}$ | 10 | 超差不得分 | | |
| | | $\sqrt{Ra\ 3.2}$ | 10 | 超差不得分 | | |
| 4 | 工具设备的使用与维护 | 正确、规范使用工具、量具、刃具，合理保养及维护工具、量具、刃具 | 5 | 不符合要求酌情扣1~5分 | | |
| | | 正确、规范使用设备，合理保养及维护设备 | 5 | 不符合要求酌情扣1~5分 | | |
| | | 操作姿势、动作正确 | 5 | 不符合要求酌情扣1~5分 | | |
| 5 | 安全生产及其他 | 安全文明生产，按国家有关法规或企业的有关规定 | 5 | 不符合要求酌情扣1~5分 | | |
| | | 操作、工艺规程正确 | 5 | 不符合要求酌情扣1~5分 | | |
| 6 | 完成任务时间 | 45min | 10 | 每超过10min扣5分，超过20min为不合格 | | |
| 总分 | 100 | 最后得分： | | 指导教师签字： | | |

## 课后练习

练习加工图 5-3 所示工件。

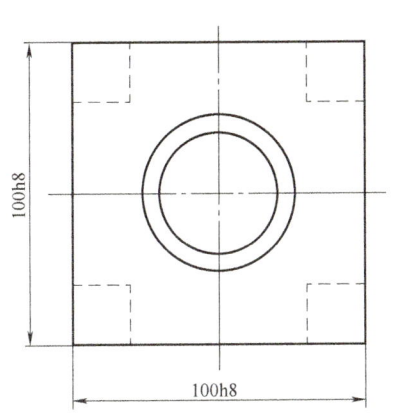
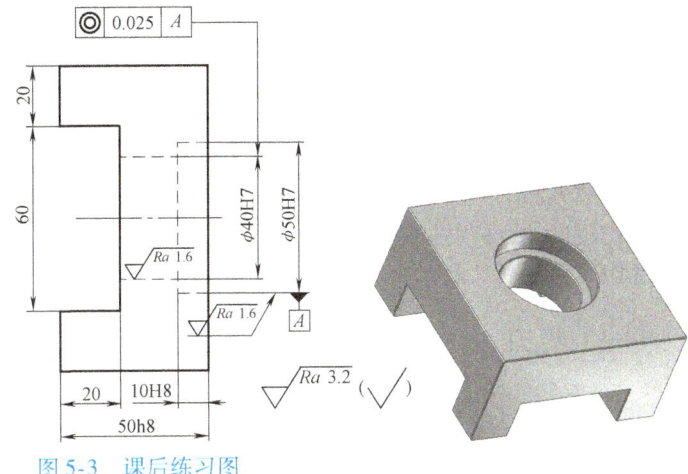

图 5-3 课后练习图

## 任务二　铣削多孔

### 任务描述

图 5-4 所示为三孔板，孔的中心距分别为 $65\pm0.05$ mm 和 $70\pm0.05$ mm，孔径分别为 $\phi30^{+0.025}_{\phantom{+}0}$ mm 和 $\phi25^{+0.021}_{\phantom{+}0}$ mm。三孔轴线对端面的垂直度公差为 $\phi0.015$。孔内壁的表面粗糙度值为 $Ra1.6\mu m$，其余表面粗糙度值为 $Ra3.2\mu m$。

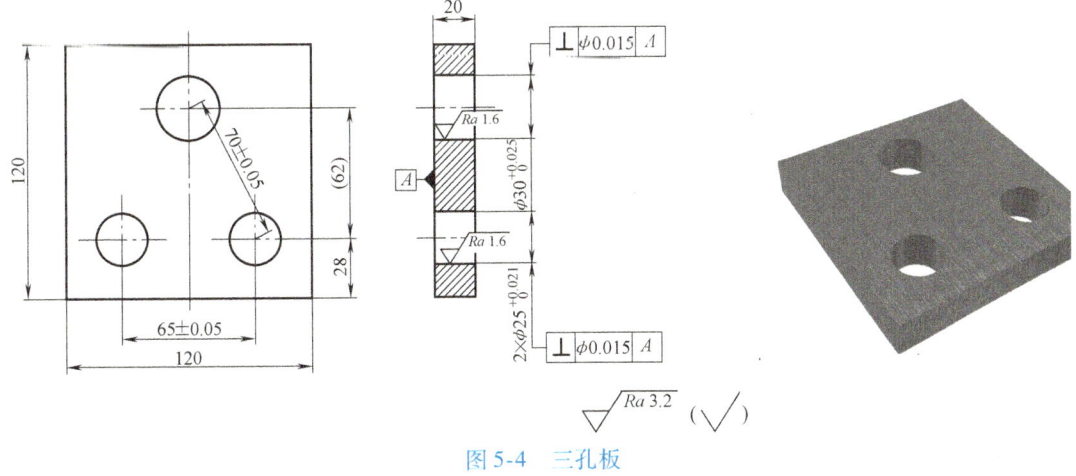

图 5-4 三孔板

### 学习目标

1）了解镗刀的基本知识。
2）掌握镗刀的对刀方法。

3）掌握镗孔的方法。

4）掌握镗孔时的检测。

## 知识链接

用镗削的方法扩大工件的孔称为镗孔。镗孔除在镗床上进行外，由于铣床也是以刀具旋转运动为主运动，且进给运动有很多类似情况，所以镗孔工作也可在铣床上进行。在铣床上，主要镗削中、小型工件上不太大的孔和相互位置不太复杂的孔系。在铣床上镗孔，孔的精度一般可达 IT7~IT9，表面粗糙度值可达 $Ra0.8$~$3.2\mu m$。另外，由于在铣床上镗孔容易控制孔距尺寸，故孔距的精度可控制在 0.05mm 左右，甚至更高。根据孔加工的要求，镗刀的选用一般与镗刀杆的选用相结合。

### 一、镗刀

在铣床上镗孔，通常选用机械固定式镗刀。精度较高的孔加工可选浮动式镗刀，镗刀有单刃和双刃之分，见表 5-9。在铣床上大多用单刃镗刀进行镗削，有时也用双刃镗刀进行镗削。

表 5-9　镗刀

| 类型 | 作　用 | 图　示 |
|---|---|---|
| 单刃镗刀 | 镗刀和镗刀杆一体的长刀杆镗刀（图 a、b）一般直接安装在可调节镗刀架上，借助镗刀架的调节来控制孔径，大多用于镗削直径较小的孔 |  a) 整体式镗刀 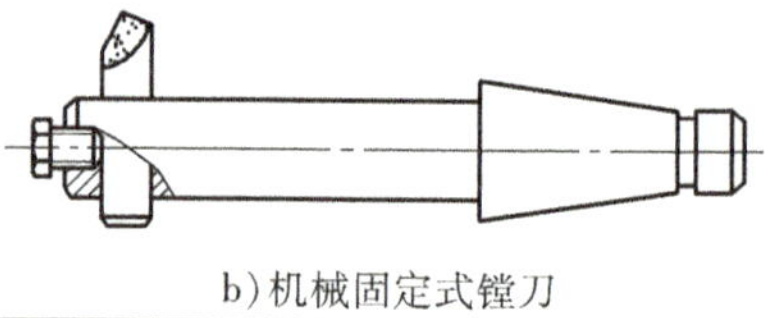<br>b) 机械固定式镗刀 |
| 双刃镗刀 | 整体双刃镗刀和镗刀杆的装夹情况如图 c 所示，这种镗刀尺寸不好调节；浮动镗刀（图 d）也是一种双刃镗刀，镗刀块由两部分组成，在刃磨后可调节尺寸，一般用于精镗孔 | 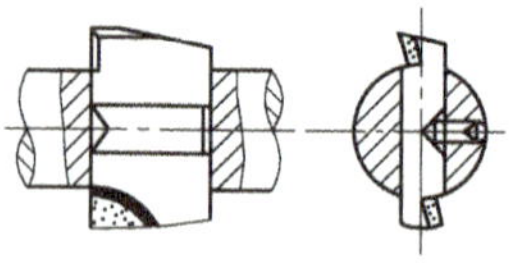 c) 整体双刃镗刀 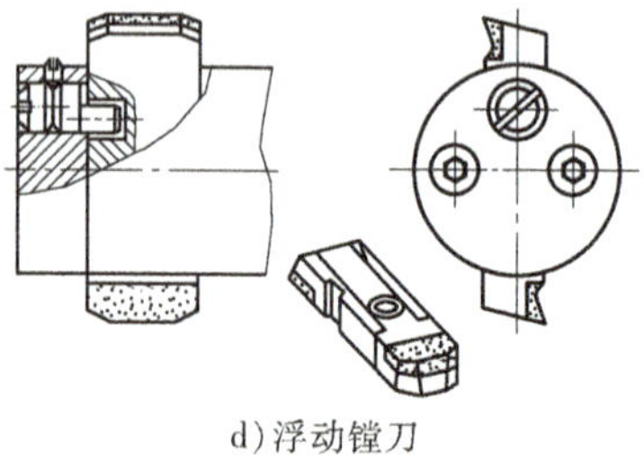<br>d) 浮动镗刀 |

镗刀的前角一般按铸铁、40Cr、45、铝合金的顺序依次为：5°~10°、10°~15°、15°~20°、25°~30°，后角均为 6°~12°，粗镗和孔径较大时取小值，精镗和孔径较小时取大值；

刃倾角一般情况下取 0°~5°，精镗通孔时取 5°~15°，镗通孔时主偏角取 60°~70°，镗台阶孔时取 5°~15°，副偏角一般取 15°左右。

## 二、镗刀杆

镗刀杆是装在机床主轴孔中，用以夹持镗刀头的杆状工具，如图 5-5 所示。

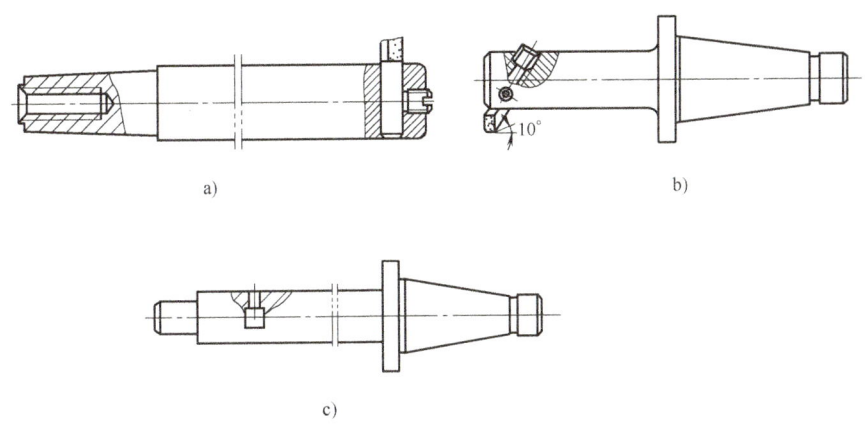

图 5-5　镗刀杆

a）可用来镗削通孔　b）可用来镗削通孔、台阶孔和不通孔　c）可用来镗削深孔

## 三、镗刀盘

镗刀盘具有良好的刚性，而且能够精确地控制镗孔的直径尺寸。镗刀盘的锥柄与铣床主轴锥孔相配合，转动螺杆时，可精确地移动带刻线的燕尾块，从而微量改变镗刀的位置，达到改变孔径尺寸的目的。燕尾块带有几个装刀孔，用内六角螺钉将各种规格的镗刀杆固定在装刀孔内，就可以方便地镗削各种尺寸规格的孔。

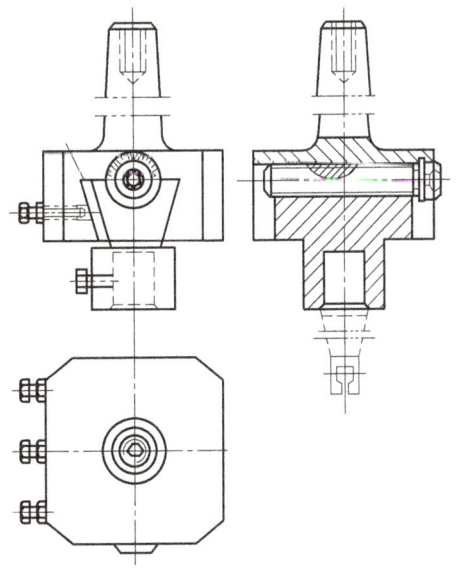

图 5-6　镗刀盘

## 任务实施

### 一、镗单孔的方法

（1）划线和钻孔　在工作台上划出工作表面的中心线，并在孔中心与孔轮廓处打样冲眼。

（2）找正铣床主轴轴线位置　找正铣床主轴的轴线与工作台台面的垂直度。

（3）装夹工件　安装机用平口钳，找正顶面与工作台面的平行度以及侧面与工作台纵向的平行度。

（4）钻孔　选择主轴转速，操作时垂直进给应连续缓慢，防止中心钻头部折断。

（5）预检孔径与孔距　用游标卡尺检测钻孔后的实际孔径尺寸及孔距。

（6）选择镗刀杆和刀体尺寸　为了保证镗刀杆和镗刀头有足够的刚性，被加工孔的直径在 $\phi30 \sim \phi120$mm 范围内时，镗刀杆直径一般为孔径的 0.7～0.8 倍；镗刀杆上方孔的边长（或圆柱孔的直径）约为镗刀杆直径的 0.2～0.4 倍。具体选择时可参考表 5-10。

表 5-10　镗刀杆和刀体尺寸的选择　（单位：mm）

| 孔径 $D$ | 30～40 | 40～50 | 50～70 | 70～90 | 90～120 |
|---|---|---|---|---|---|
| 镗刀杆直径 $d$ | 20～30 | 30～40 | 40～50 | 50～65 | 65～90 |
| 镗刀头截面尺寸 $a \times a$ | 8×8 | 10×10 | 12×12 | 16×16 | 20×20 |

当孔径小于 30mm 时，最好采用整体式镗刀，并用可调节镗刀盘装夹进行加工。对直径大于 120mm 的孔，镗刀杆直径可不必很大，只要镗刀杆、镗刀头的刚性足够即可。此外，在选择镗刀杆直径时，还需考虑孔的深度和镗刀杆所需的长度。镗刀杆长度较短，直径可适当减小；镗刀杆长度越长，直径应选得越大。

镗削图 5-1 所示工件时，因孔的深度尺寸不大，工件形状较简单，可采用较短的镗刀杆，镗刀杆直径采用 $\phi35$mm，镗刀头截面采用 8mm×8mm。

（7）检查机床主轴或立铣头主轴位置　采用在立式铣床上镗孔，必须检查机床主轴轴线与垂直进给方向是否平行（即是否与工作台台面垂直）。若平行度（或垂直度）误差大，则镗出的孔圆度误差（呈椭圆孔）大。一般垂直度公差在 150mm 范围内不应大于 0.02mm。

（8）镗削切削用量的选择　切削用量随刀具材料、工件材料和粗、精镗的不同而有所区别。粗镗时，背吃刀量主要根据加工余量和刀杆、刀体、机床主轴和夹具及其装夹后的稳定情况等工艺系统的刚性来决定。精镗时，用高速镗刀，余量最好控制在 0.1～0.5mm 范围内；用硬质合金镗刀，余量则最好控制在 0.3～1mm 范围内。每转进给量粗镗时为 0.2～1mm/r，精镗时为 0.05～0.5mm/r。镗孔时的切削速度可比铣削时略高一些，但在加工钢件等塑性较好的金属材料时，需充分浇注切削液，以降低温度，提高加工质量。

（9）对刀方法　在铣床上镗孔时，铣床主轴轴线与所镗孔的轴线必须重合，试调整过程称为对刀。镗孔前常用的对刀方法见表 5-11。

表 5-11　镗孔前常用的对刀方法

| 对刀方法 | 说　明 | 图　示 |
|---|---|---|
| 划线法 | 在镗刀顶端用油脂黏一颗大头针，并使镗刀杆大致对准孔的中心，然后用手慢慢转动主轴，一方面把针尖拨到靠近孔的轮廓线，另一方面移动工作台，使针尖与孔轮廓线间的间隙尽量均匀相等。用这种方法对刀，准确度较低，对操作者要求较高，一般用于对孔的位置精度要求不高的场合 |  |

(续)

| 对刀方法 | 说　明 | 图　示 |
|---|---|---|
| 碰镗刀杆法 | 当镗刀杆圆柱部分的圆柱度误差很小,并与铣床主轴同轴时,可使镗刀杆先与基准面 $A$ 刚好接触,再横向移动距离 $S_1$,然后使镗刀杆与基准面 $B$ 接触,并纵向移动距离 $S_2$。为了控制镗刀杆与基准面之间接触的松紧程度,可在镗刀杆与基准面之间放一量块,如图 a 所示。接触的松紧程度以用手能轻轻推动量块,而将手松开量块又不落下为宜。此法也可用标准圆棒或心轴对刀 | a) 碰镗刀杆法对刀 |
| 测量法 | 如图 b 所示,用深度千分尺或深度游标卡尺测量镗刀杆(或心轴)圆柱面至基准面 $A$ 和 $B$ 的距离,应等于图样尺寸与镗刀杆(或心轴)半径之差。若测量值与计算值不符,则调整工作台位置直至相符为止 | b) 测量法对刀 |

（10）控制孔径尺寸　用简易式镗刀杆镗孔时，孔径尺寸一般都用敲刀法来调整控制，敲出的量大多凭手感经验；也可借助游标卡尺、百分表来控制敲出量，如图 5-7 所示。用敲刀法调整，需经几次试镗才能获得准确的尺寸。试镗时，一般只在孔口镗深 1mm 左右，经测量尺寸符合要求后再正式镗孔。

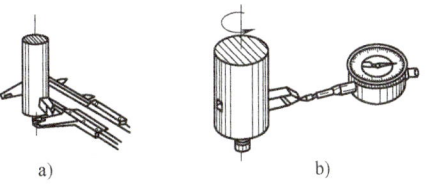

图 5-7　镗刀敲出量的控制
a) 用游标卡尺测量敲出量
b) 用百分表测量敲出量

（11）镗孔　在镗刀与工件相对位置调整好后，应把立式铣床的纵向与横向运动锁紧，然后开始镗孔。镗孔分为粗、精镗，如图 5-8 所示。粗镗时单边留 0.3mm 左右的余量，粗镗结束后换上调整好的精镗刀杆，精镗至尺寸要求。

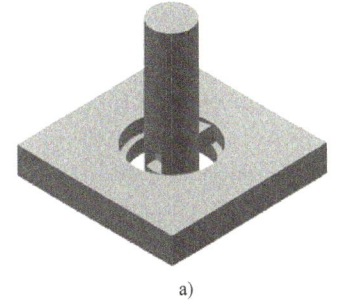
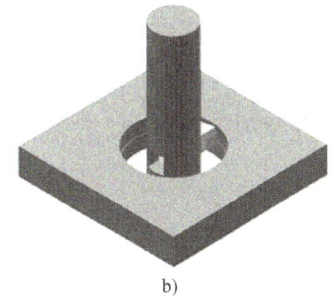

图 5-8　镗孔
a) 粗镗　b) 精镗

精镗后退刀时，应使镗刀刀尖指向操作者，即与床身相反，这样在退刀时，可利用工作台下降时的外倾，不致在孔壁上拉出刀痕，影响孔的表面质量。此外，还应注意镗削余量的选择。

## 二、孔系镗削

（1）圆周等分孔系的镗削　镗削工件表面沿圆周等分（均布）的孔系时，可将工件装夹在分度头或回转工作台上进行，其装夹形式如图5-9所示。

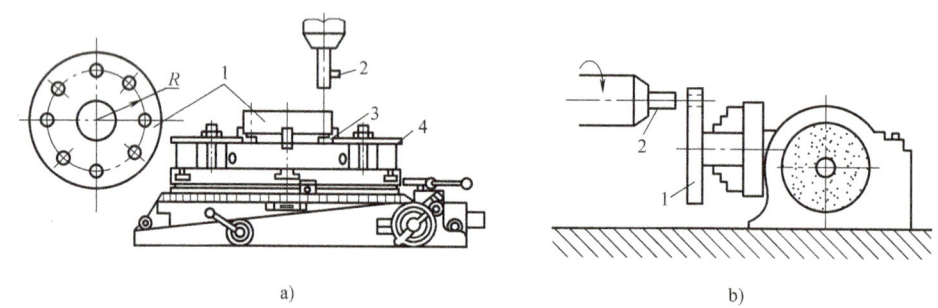

图5-9　在分度头或回转工作台上镗孔
a）镗削较大的工件　b）镗削较小的工件
1—工件　2—镗刀　3—自定心卡盘　4—压板

镗削时，先将工件找正至与回转工作台或分度头同轴，再调整铣床主轴与工件（即回转工作台或分度头）同轴，然后移动铣床工作台，使镗刀杆轴线对准被镗孔轴线（移动距离即均布圆周的半径），每镗完一孔后，分度镗削下一个孔。

（2）坐标孔系的镗削　工件上轴线平行的孔系的镗削，除孔本身有精度要求外，还有孔的轴线之间距离的尺寸精度要求。加工时，孔径尺寸的控制和孔至基准面的位置的调整，均与单孔镗削时相同。因此，轴线平行的孔系的镗削，主要是要掌握中心距的控制方法。图5-4所示为由3根轴线相互平行的孔组成的孔系，3个孔之间的中心距分别为 $65 \pm 0.05$ mm 和 $70 \pm 0.05$ mm。

为了方便中心距的控制，孔系各孔中心的位置统一以坐标尺寸表示。在用镗单孔的方法镗好第一个孔（φ25mm 孔）以后，将工作台纵向移动65mm，镗第二个孔（另一个 φ25mm 孔）；然后将工作台纵向退回 32.5mm，再横向移动62mm，镗第三个孔（φ30mm 孔）。

当工件孔系的孔距精度要求不高时，工作台的移动距离可直接利用铣床手柄处的刻度盘来控制；当孔距精度要求较高时，则一般利用百分表和量块来控制。

## 三、平行孔系孔距的控制方法

**1. 利用划线控制孔距**

1）在工件表面划线，在孔加工位置划出孔中心线并在孔的加工参照圆上打样冲眼。

2）在镗杆上黏一颗大头针，调整工作台与大头针的位置，使大头针的回转轨迹与工件上孔加工划线位置重合。

3）预制孔，预检孔距。

4) 根据差值调整工作台，直至达到图样上的孔距要求为止。

**2. 利用工作台刻度盘控制孔距**

1) 用碰镗刀杆法或划线法初步调整孔的加工位置，注意工作台移动的间隙。
2) 预制孔，预检孔距。
3) 根据差值利用刻度盘移动工作台调整孔距，直至达到图样上的孔距要求为止。

孔距尺寸的控制还可采用百分表、量块控制方法，条件不具备时，也可采用试镗和测量相结合的方法。

### 四、孔的检测

**1. 孔的尺寸精度的检测**

1) 对精度要求较低的孔径尺寸及孔的深度尺寸，一般用游标卡尺和钢直尺检测。
2) 对精度要求较高的孔径尺寸及孔的深度尺寸，孔径尺寸可用内径千分尺与外径千分尺配合检测，也可用内径百分表与外径千分尺或标准套规配合检测；孔的深度尺寸可用深度千分尺检测。孔的尺寸精度检测方法如图 5-10 所示。

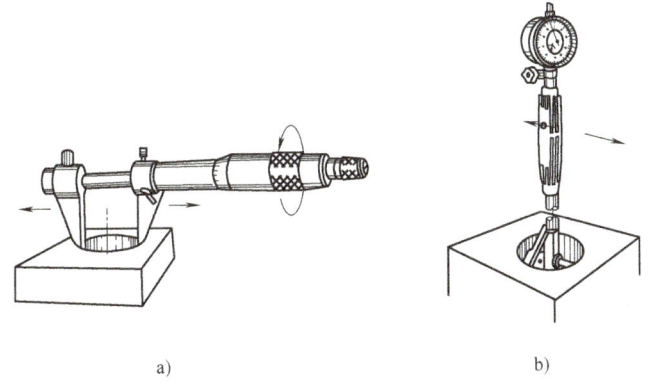

图 5-10 孔的尺寸精度检测方法
a) 内径千分尺检测 b) 内径百分表检测

**2. 孔的形状精度的检测**

（1）圆度检测 在孔圆周的各个径向测量直径尺寸，测量所得的最大差值即为孔的圆度误差。

（2）圆柱度检测 如图 5-11 所示，在孔沿轴线方向不同位置的圆周上测量直径尺寸，测量所得的最大差值即为孔的圆柱度误差。

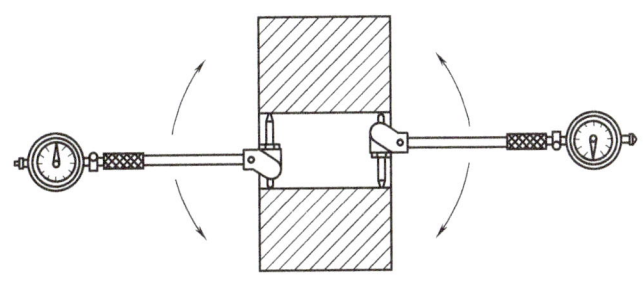

图 5-11 圆柱度检测

## 3. 孔的表面粗糙度检测

孔的表面粗糙度一般都用标准样块进行比较检测。

## 4. 孔的位置精度检测

同轴度的检测可用同轴度量规、检验棒或自制心轴，也可用与其配合的轴进行检验，以能自由推入同轴线的孔内为合适。图 5-12 所示为用同轴度量规检测孔的同轴度。测量时，只要量规通过即为合格。

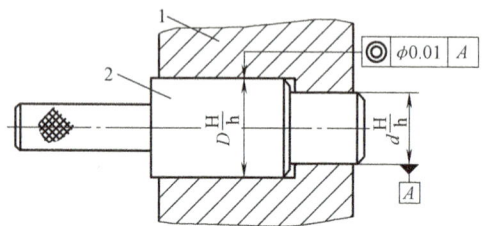

图 5-12　用同轴度量规检测孔的同轴度

1—工件　2—同轴度量规

（1）两孔的轴线平行度和中心距的检测　如图 5-13 所示，分别在两孔内装一配合精度较高的测量棒，然后在两端用外径千分尺测量两测量棒外侧的距离 $L_1$，或用内径千分尺测量两测量棒内侧的距离 $L_2$。则两孔的中心距 $A$ 为

$$A = L_1 - \frac{1}{2}(d_1 + d_2) = L_2 + \frac{1}{2}(d_1 + d_2)$$

式中　$d_1$、$d_2$——两测量棒的直径（mm）。

两端的中心距 $A_1$ 和 $A_2$ 的差值即为平行度误差。

（2）孔的轴线与基准面垂直度的检测　将工件的基准面紧贴并固定在检验角铁上，装上检验棒，用百分表测量检验棒两端至检测平台读数的差值，即为垂直度误差。检测时应将工件转 90°后进行第二次测量。也可如图 5-14 所示，用专用检测工具插入孔内，再用着色法或塞尺检测工具圆盘与工件基准面的接触情况，其最大的间隙值即为检测范围内的垂直度误差。

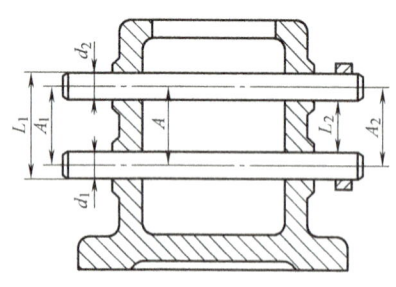

图 5-13　平行度和中心距的检测

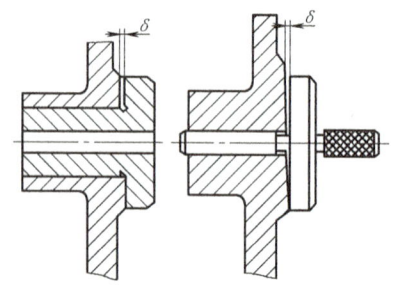

图 5-14　孔的轴线与基准面垂直度的检测

## 五、圆柱孔镗削的质量分析

圆柱孔镗削时，镗刀的尺寸和镗刀杆的直径受孔径大小的限制，镗刀杆的长度又必须满足镗孔深度的要求，因此镗刀与镗刀杆的刚性较差，在镗削过程中容易产生振动和"让刀"

等现象,影响镗孔的质量。圆柱孔镗削时常见的质量问题及其产生原因与预防措施见表5-12。

表 5-12 圆柱孔镗削时常见的质量问题及其产生原因与预防措施

| 质量问题 | 产生原因 | 预防措施 |
| --- | --- | --- |
| 表面粗糙度值大 | 1)刀尖角或刀尖圆弧半径太小<br>2)进给量过大<br>3)刀具磨损<br>4)切削液使用不当 | 1)修磨刀具,增大刀尖圆弧半径<br>2)减小进给量<br>3)修磨刀具<br>4)合理选择及使用切削液 |
| 孔呈椭圆 | 立铣头"零"位不准,并用升降台垂向进给 | 重新找正立铣头"零"位 |
| 孔壁产生振纹 | 1)镗刀杆刚性差,刀杆悬伸太长<br>2)工作台进给爬行<br>3)工件夹持不当 | 1)选择合适的镗刀杆,镗刀杆另一端尽可能增加支承<br>2)调整机床塞铁并润滑导轨<br>3)改进夹持方法或增大支承面积 |
| 孔壁有划痕 | 1)退刀时刀尖背向操作者<br>2)主轴未停稳,快速退刀 | 1)退刀时将刀尖拨转到朝向操作者<br>2)主轴停止转动后再退刀 |
| 孔径尺寸超差 | 1)镗刀回转半径调整不准<br>2)测量不准<br>3)镗刀产生偏让 | 1)重新调整镗刀回转半径<br>2)仔细测量<br>3)增强镗刀杆刚性 |
| 孔呈锥形 | 1)切削过程中刀具磨损<br>2)镗刀松动 | 1)修磨刀具,合理选择切削速度<br>2)安装刀头时要紧牢紧固螺钉 |
| 孔的轴线歪斜(与基准面的垂直度误差太大) | 1)工件定位基准选择不当<br>2)装夹工件前,清洁工作未做好<br>3)采用主轴进给时,"零"位未找正 | 1)选择合适的定位基准<br>2)装夹工件前做好基准面与工作台台面的清洁工作<br>3)重新找正主轴"零"位 |
| 圆度误差大 | 1)工件装夹变形<br>2)主轴回转精度差<br>3)立镗时,工作台纵、横向进给未紧固<br>4)镗刀杆、镗刀弹性变形 | 1)薄壁工件装夹要适当;精镗时,应重新压紧,并适当注意减小压紧力<br>2)检查机床,调整主轴精度<br>3)工作台不进给的方向应紧固<br>4)增大镗刀杆、镗刀的刚度;选择合理的切削用量;提高钻孔、粗镗孔的质量 |
| 平行度误差大 | 1)不在一次装夹中镗几个平行孔<br>2)在钻孔和粗镗时,孔已不平行,精镗时镗刀杆产生弹性偏让<br>3)定位基准面与进给方向不平行,使镗出的孔与基准不平行 | 1)在一次装夹中镗削所有轴线平行的孔,且至少要采用同一个基准面<br>2)提高钻孔、粗镗孔的加工精度;增大镗刀杆的刚度<br>3)精确找正基准面 |

## 六、加工过程

加工图 5-4 所示工件。

**1. 准备工作**

1)毛坯件:材料为 45 钢,毛坯尺寸符合图样要求。

2)设备:X6132 型卧式万能升降台铣床。

3)工具:机用平口钳、$\phi$25mm 整体式镗刀、$\phi$30mm 整体式镗刀、垫铁、铜锤、划针盘、内径千分尺、内径百分表、塞规。

## 2. 操作步骤

工件的装夹与找正、刀具的装夹过程略，按表 5-13 所列步骤进行加工。

表 5-13　孔加工操作步骤

| 序号 | 操作步骤 | 加工示意图 | 操作方法及加工内容 |
| --- | --- | --- | --- |
| 1 | 划线 | | 按照图样尺寸和坐标尺寸，划出 3 孔的中心位置及轮廓线并打样冲眼 |
| 2 | 钻孔 | | 用麻花钻钻出 3 个底孔 |
| 3 | 粗镗 | | 主轴转速设定为 235r/min，进给速度设定为 37.5mm/min<br>1）安装工件，用压板固定工件<br>2）移动工作台对刀，使机床主轴中心线与工件孔的轴线对准<br>3）粗镗各孔，用刻度盘控制各孔中心距，留精镗余量 0.5~1mm |
| 4 | 精镗 | | 主轴转速设定为 300r/min，进给速度设定为 30mm/min。先用镗刀杆外缘接触工件控制距离，以左端面和工作台面为基准，记下刻度盘读数，然后移动刻度盘到第一个孔的中心，保证中心距准确，然后分别镗孔 2、3 到尺寸要求 |
| 5 | 检测 | | 检验工件是否达到图样要求 |

## 3. 检验

加工完毕后卸下工件，测量各部分尺寸及几何公差的要求。

## 4. 清理

将工件送交检验后，清点工具，清扫工作场地。

### 任务评价

根据表 5-14 的要求检测工件，并将检测结果填入表中。

表 5-14　工件检测评价表

| 序号 | 检测项目 | 考核内容 | 配分 | 评分标准 | 检测结果 | 得分 |
|---|---|---|---|---|---|---|
| 1 | 外形尺寸 | 120mm | 5 | 超差不得分 | | |
| | | 65±0.05mm | 5 | 超差不得分 | | |
| | | 120mm | 2 | 超差不得分 | | |
| | | 28mm | 2 | 超差不得分 | | |
| | | 62mm | 2 | 超差不得分 | | |
| | | 70±0.05mm | 5 | 超差不得分 | | |
| | | 20mm | 2 | 超差不得分 | | |
| | | $2\times\phi25^{+0.021}_{\ 0}$mm | 5 | 超差不得分 | | |
| | | $\phi30^{+0.025}_{\ 0}$mm | 5 | 超差不得分 | | |
| 2 | 几何公差 | ⊥ $\phi0.015$ A | 12 | 超差不得分 | | |
| 3 | 表面结构 | $\sqrt{Ra1.6}$ | 10 | 超差不得分 | | |
| | | $\sqrt{Ra3.2}$ | 10 | 超差不得分 | | |
| 4 | 工具设备的使用与维护 | 正确、规范使用工具、量具、刃具，合理保养及维护工具、量具、刃具 | 5 | 不符合要求酌情扣1~5分 | | |
| | | 正确、规范使用设备，合理保养及维护设备 | 5 | 不符合要求酌情扣1~5分 | | |
| | | 操作姿势、动作正确 | 5 | 不符合要求酌情扣1~5分 | | |
| 5 | 安全生产及其他 | 安全文明生产，遵守国家有关法规或企业的有关规定 | 5 | 不符合要求酌情扣1~5分 | | |
| | | 操作、工艺规程正确 | 5 | 不符合要求酌情扣1~5分 | | |
| 6 | 完成任务时间 | 45min | 10 | 每超过10min扣5分，超过20min为不合格 | | |
| 总分 | 100 | 最后得分： | | 指导教师签字： | | |

### 课后练习

练习加工图 5-15 所示工件。

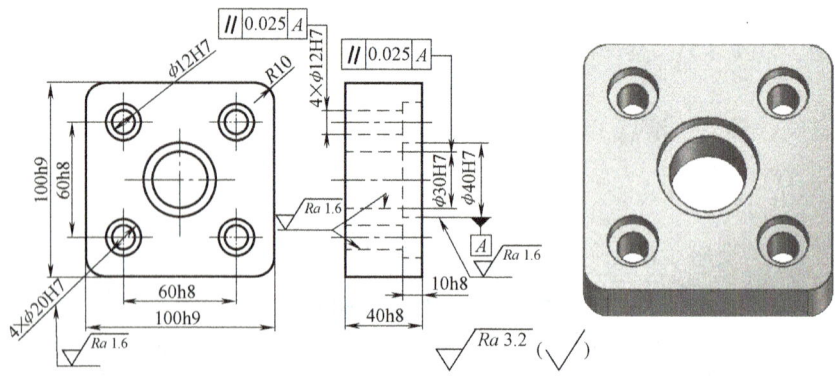

图 5-15 课后练习图

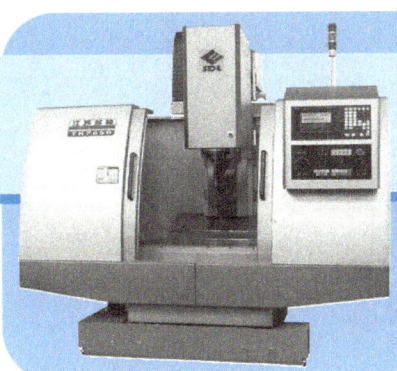

# 项目六

## 典型复杂零件的铣削

本项目以典型复杂零件,如花键轴、齿轮、凸轮中比较典型的零件为例,介绍了相关复杂零件的铣削加工知识。

### 任务一　铣削花键轴

#### 任务描述

本任务将加工图 6-1 所示的外花键轴。花键数为 6 键,花键对基准的对称度公差为 0.03mm,平行度公差为 0.03mm,等分公差为 0.05mm,大径的公差等级为 7 级,材料为 45 钢,单件生产,在卧式铣床上采用铣削方法加工。

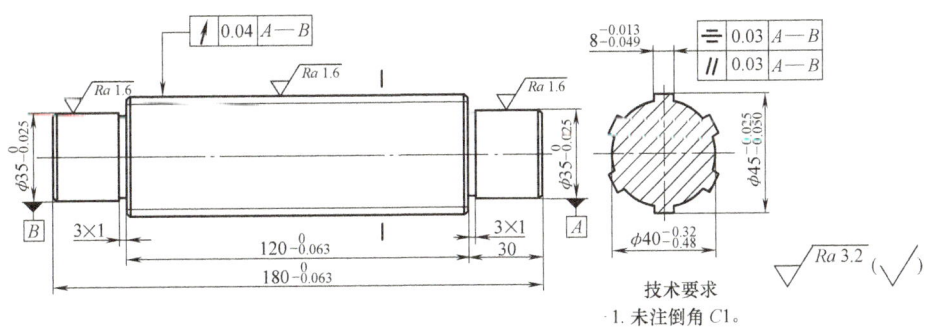

图 6-1　外花键轴

# 铣削加工技术

## 学习目标

1) 掌握花键的基本知识。
2) 掌握矩形外花键铣削加工的方法及特点。
3) 掌握在铣床上加工花键轴的方法。
4) 掌握检测花键的方法并进行评价分析。

## 知识链接

### 花键的种类及特征

所谓花键,是指轴和轮毂上有多个凸起和凹槽的周向联接件。按照结构形式来分类,花键可分为外花键和内花键两种,其形状如图 6-2 所示。

按照齿形轮廓来分类,花键可分为矩形花键、渐开线花键和三角形花键三种。在这三种花键中,常用的为矩形花键和渐开线花键,其联接如图 6-3 所示。花键联接是一种能传递较大转矩、定心精度较高的连接形式,花键是机械传动中广泛应用的零件,机床、汽车、拖拉机等的变速器多采用花键齿轮套与花键轴配合的滑移变速机构。

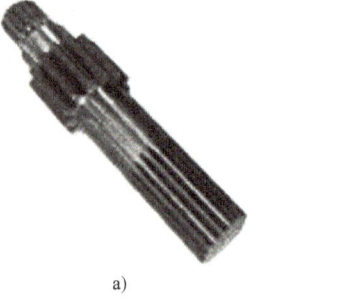

图 6-2 花键
a) 外花键 b) 内花键

矩形花键的定心方式有大径定心、小径定心和齿侧定心三种,如图 6-4 所示。其他齿形的花键一般都采用齿侧定心。我国国标 GB/T 1144—2001《矩形花键尺寸、公差和检验》中只规定了小径定心一种方式,因为小径定心稳定性好,精度高。一些先进国家大都采用渐开线联接的齿侧配合制。在普通铣床上,可加工修配用的大径定心矩形外花键,精度较高的外花键大径可以用磨床加工。对小径定心的矩形外花键,由于小径圆弧比较难加工,故一般只进行粗加工。矩形花键的缺点是花键齿根部的应力集中较大。

渐开线花键的齿廓为渐开线,加工工艺与齿轮相同。渐开线花键联接通常采取齿侧定心方式,定心精度高,承载时齿上有径向分力,能起自定心作用。与矩形花键相比较,其齿根较厚,强度高,承载能力强,因此常用于载荷较大、定心精度要求较高和尺寸较大的联接。

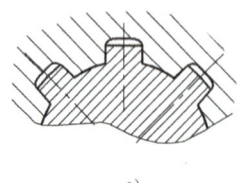
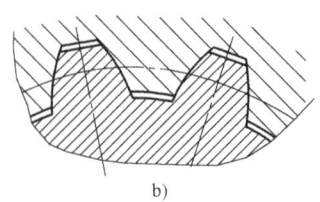

图 6-3 花键联接
a) 矩形花键联接 b) 渐开线花键联接

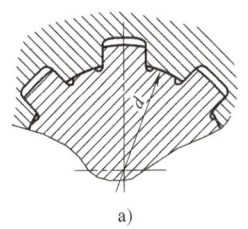 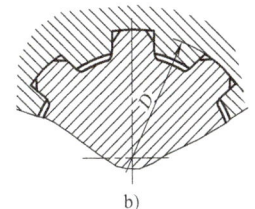 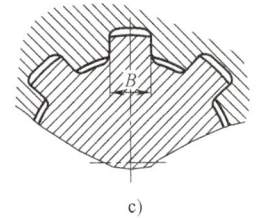

a) b) c)

图 6-4 矩形花键联接的定心方式

a) 小径定心 b) 大径定心 c) 齿侧定心

花键联接与平键、半圆键、楔键等单键联接相比,具有定心精度高、导向性好、承载能力强、能传递较大的转矩及联接可靠等优点,但制造较困难。

成批、大量的外花键(花键轴)在花键铣床上用花键滚刀按展成法加工。这种加工方法具有较高的生产率和加工精度,但必须具备花键铣床与花键滚刀。一般单件、小批量生产或缺少花键铣床等专用设备的情况下,常在普通卧式(或立式)铣床上利用分度头进行加工。

## 任务实施

### 一、矩形外花键铣削加工的方法及特点

矩形外花键的加工方法应根据零件的数量、技术要求及设备和刀具等具体条件确定。

**1. 矩形外花键铣削的工艺要求**

(1)尺寸精度 键的宽度和花键的定心面是主要配合尺寸,精度要求较高。

(2)表面结构 键的两侧面和定心配合面的表面结构,一般要求表面粗糙度值为 $Ra1.6 \sim 3.2 \mu m$。

(3)几何精度 包括外花键定心小径(或大径)与基准轴线的同轴度、键的形状精度和等分精度、键的两侧面与基准轴线的对称度和平行度。花键的定心配合面的尺寸公差一般采用 h 或 H;键的宽度尺寸公差一般采用 js 或 Js,还有花键位置偏差的最大允许值。花键对称度公差包括等分误差。

**2. 铣刀的选择及切削位置的调整——对刀**

矩形外花键侧面的铣削选择外径较小、宽度适当(铣削中不应伤及邻键齿)的标准三面刃铣刀。矩形外花键槽底圆弧面(小径)的铣削选用宽度为 2~3mm 的细齿锯片铣刀或成形铣刀。对刀的目的是使三面刃铣刀的侧面切削刃通过花键的侧面,以保证矩形外花键的宽度和两键侧面的对称性,见表 6-1。

表 6-1 矩形外花键铣削常用的对刀方法

| 对刀方法 | 操作说明 | 图 示 |
|---|---|---|
| 侧面对刀法 | 先使三面刃铣切削侧面切削刃轻轻接触工件侧面,然后垂直向下退出工件,再将工作台向铣刀方向横向移动一定距离<br>侧面对刀法方法简单,但有一定的局限性。当工件的外径较大时,受三面刃铣刀直径的限制,铣刀杆可能与工件相碰,因而不能用此法对刀 |  |

(续)

| 对刀方法 | 操作说明 | 图示 |
|---|---|---|
| 划线对刀法 | 先在工件上划中心线和键宽线,然后用高度游标卡尺(或划针盘)在工件外圆柱面的两侧比中心高键宽的一半处,各划一条线,再通过分度头将工件转过180°,用高度游标卡尺各划一条线。检查两次所划线之间的宽度是否等于键宽,如不等,则应调整高度游标卡尺(或划针)的高度并重划,直到划出正确的宽度为止。再次通过分度头将工件转过90°,使划线部分外圆朝上,再用高度游标卡尺在工件端面划出花键的深度线,背吃刀量按 $\frac{D-d}{2}+0.5$ 确定,即比实际深度深0.5mm左右。铣削时,使三面刃铣刀的侧面切削刃对准键侧线,圆周切削刃对准花键深度线 | 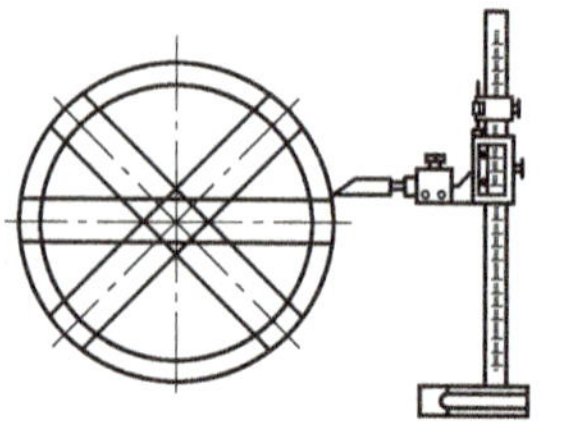 |
| 试切对刀法 | 在分度头的自定心卡盘与尾座之间装夹一根直径与工件直径大致相等的试件,先用侧面对刀法或划线对刀法初步对刀,并在试件上铣出适当长度的花键键侧面1,退出工件,经180°分度再铣出键侧面2;接着横向移动工作台(移动量等于键宽与铣刀宽之和),铣出另一键侧面3;退出工件并使其转过90°,用杠杆百分表比较键侧面1与3的高度。若高度一致,说明花键的对称性很好;如高度不一致,则可按高度差的一半重新调整工作台的横向位置,并使工件转过一个齿距,重复进行试切、测量,直至花键对称性达到要求,且键宽B合格为止。对刀完成后可换上工件正式进行铣削。试切对刀法的对刀精度较高 | 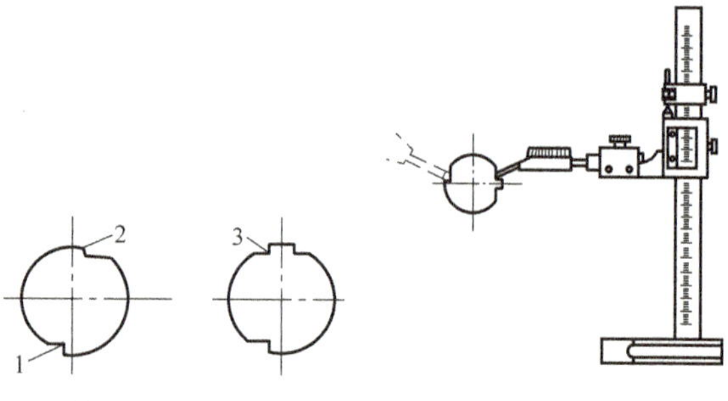 a) b) c) |

### 3. 矩形外花键的铣削加工方法

矩形外花键的铣削加工方法见表6-2。

表6-2 矩形外花键的铣削加工方法

| 铣削方法 | 铣削要点 | 图示 | 装夹与找正及特点 |
|---|---|---|---|
| 单刀铣削 | 1)"先铣削中间槽,后铣削键侧"的加工特点<br>① 先铣削中间槽可以铣除矩形外花键加工的大部分余量,减少了铣削键侧的加工量,减少了侧面切削刃铣削次数<br>② 借助中间槽的铣削位置,可通过计算,按横向移动$(B+L)/2$调整键侧的铣削加工位置<br>③ 先铣削中间槽,三面刃铣刀的厚度受到一定的限制<br>④ 对于大径定心的外花键,经允许,可铣成折线槽底。若要用小径铣刀加工,因槽底中部没有先铣侧面残留的凸起部分,减少了小径的铣削余量<br>2)"先铣削键侧,后铣削槽底"的加工特点<br>① 键宽尺寸及其对工件轴线的对称度、平行度是花键加工的重点。对不够熟练的操作者,可以利用较多的余量进行多次试切测量,逐步达到图样要求。<br>② 先铣键侧,可选用厚度较大的铣刀,提高了铣刀的刚度<br>③ 先铣削键侧,一次铣除的余量比较少,有利于减少铣削振动<br>④ 对于直径较大、齿数较少的矩形外花键,槽底中部残留余量比较多,直接用槽底圆弧单刀进行加工比较困难 | 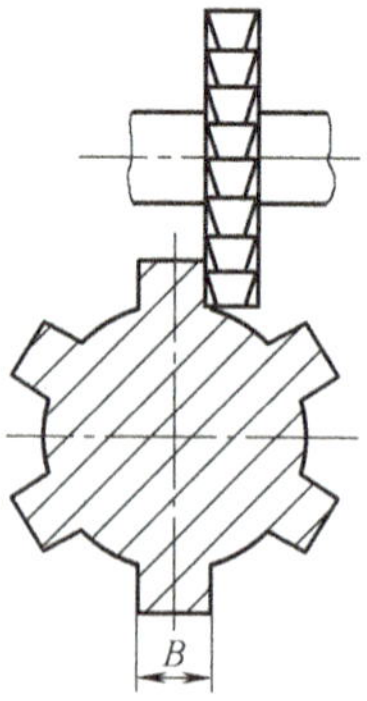 三面刃单刀铣削 | 装夹与找正:<br>工件用分度头与尾座两顶尖或自定心卡盘和尾座顶尖装夹,然后用百分表找正工件以下项目<br>1)工件两端处的径向圆跳动<br>2)工件的上素线与铣床工作台平面平行<br>3)工件的侧素线与工作台纵向进给方向平行<br>4)对细长的工件,找正后还应在长度的中间位置下面用千斤顶支承<br>适应特点:<br>铣削外花键时,在铣床上用单刀铣削矩形齿外花键,主要适用于单件生产或维修加工,以加工大径定心的矩形花键轴为主,对以小径定心的花键轴,一般只进行粗加工。对铣刀的直径及铣刀的安装精度都没有很高的要求,但缺点是生产率比较低 |

（续）

| 铣削方法 | 铣削要点 | 图示 | 装夹与找正及特点 |
|---|---|---|---|
| 组合铣刀铣削 | 1）两把三面刃铣刀的直径相同，其误差应小于0.2mm<br>2）两把铣刀侧面切削刃之间的距离应等于花键键宽，使铣出的键宽在规定的公差范围内<br>3）两把三面刃铣刀的内侧刃应对称于工件中心。方法是用试件试切一段后，将试件正转20°再反转20°，用百分表测量键侧对称度误差，根据差值的一半移动工作台横向进行精确调整 | 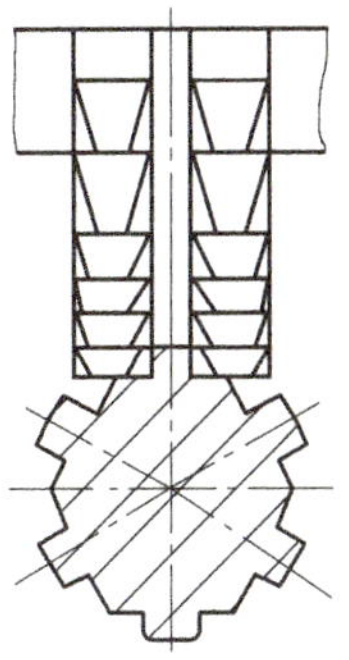 组合三面刃铣刀内侧刃铣削 | 装夹与找正：<br>工件的装夹和找正方法与单刀铣削相同<br>适合特点：<br>与用单刀铣削相比较，不仅生产率高，还可以简化操作步骤。因此，在工件数量较多时，常用组合铣刀铣削 |
|  | 1）两把三面刃铣刀的直径要求严格相等，最好一次磨出<br>2）利用铣床工作台的垂向移动量控制键的宽度。铣削时，先铣一刀，将工件转过180°再铣一刀。用千分尺测量键宽后，按余量的一半上升工作台。重复以上铣削步骤，便能获得准确的键宽尺寸以及较高的对称度<br>3）两把铣刀之间的距离$S$为：<br>$$S = \sqrt{D^2 - d^2} - 1$$<br>式中　$D$——外花键大径(mm)；<br>　　　$d$——外花键小径(mm)。<br>调整$S$值时一般控制在±0.5mm的范围内<br>4）两把三面刃铣刀的内侧刃对工件中心的对称度不要求十分高<br>5）分度头主轴和尾座顶尖必须同轴，加工时尾座的顶尖应顶得比较紧，否则铣出的锥度两端尺寸会不一致 | 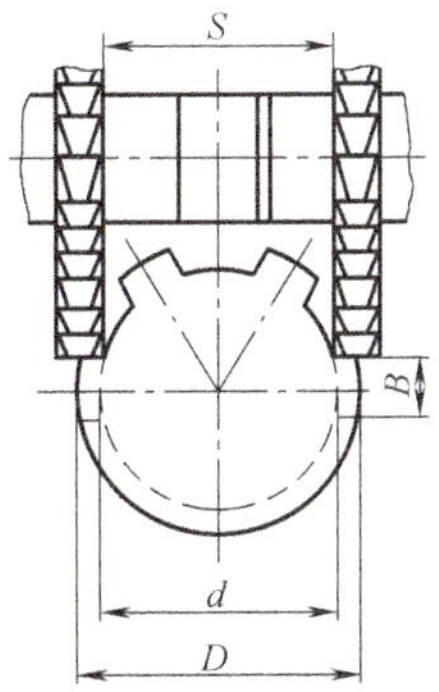 组合三面刃铣刀圆周刃铣削 |  |
| 成形铣刀铣削 | 通过调整背吃刀量来控制键的宽度。因此，当批量生产时，首件加工时必须细致地调整背吃刀量，以获得精确的键宽和小径尺寸。此外，加工前应进行"切痕对中"，并在逐步达到键宽尺寸的同时，通过百分表的检测和工作台横向微量调整，使键的两侧面达到对称度的要求 | 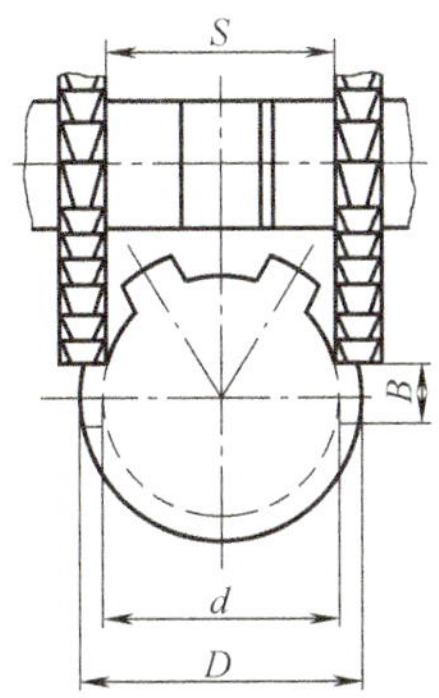 成形铣刀铣削 | 装夹与找正：<br>成形铣刀的对刀方法简单，可先目测使铣刀尽量对准工件中心，然后开动机床，逐渐升高工作台，使成形铣刀的两刀尖同时接触工件的外圆表面后，按背吃刀量的3/4铣一刀，退出工件，检查对称性<br>适应特点：<br>成批生产时，通常使用专用成形铣刀，铣削时能一次铣削出键槽。因此，此方法具有生产率高、加工质量好和操作简便等优点 |

## 二、矩形外花键的检测

单件或小批量生产时,使用千分尺检测键的宽度,用千分尺或游标卡尺检验小径,等分精度由分度头精度保证。必要时可用百分表检测矩形外花键键侧的对称度,如图 6-5 所示。在成批和大量生产中,可用综合量规检测(图 6-6)。检测时,先用千分尺或卡规检测键宽,在键宽不小于下极限尺寸的条件下,以综合量规能通过为合格。

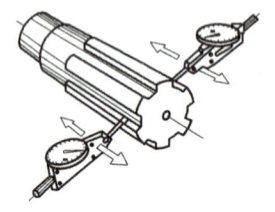

图 6-5 用百分表检测对称度

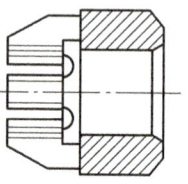 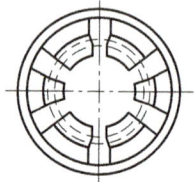

图 6-6 用综合量规检测

## 三、矩形外花键铣削的注意事项

1)准确找正夹具(分度头、尾座)的位置,保证工件轴线平行于工作台台面,且与纵向进给方向一致。

2)三面刃铣刀的宽度在保证不切到邻键侧面的条件下,应选择大的尺寸,以增加铣刀的刚度。铣刀切削刃应锋利,安装后侧面切削刃圆跳动量要小。

3)仔细调整铣刀的切削位置,用单刀铣削时,对刀必须准确。

4)分度操作要认真、细心,防止分度错误或未消除分度间隙引起等分不准。

5)合理选择铣削用量,避免加工中因振动引起键侧面产生波纹。对刚性差的细长花键轴,应采取提高工件加工中刚度的措施。

## 四、矩形外花键铣削的质量分析

矩形外花键铣削质量分析见表 6-3。

表 6-3 矩形外花键铣削质量分析

| 质量问题 | 产生原因 | 防止措施 |
|---|---|---|
| 键宽尺寸超差 | 1)用单刀铣削时,切削位置调整不准<br>2)刀具轴向圆跳动误差过大 | 1)准确调整铣刀切削位置<br>2)更换垫圈,重新安装铣刀 |
| 花键对称度超差 | 1)切削位置计算、调整不准<br>2)分度不准 | 1)重新对刀<br>2)正确分度 |
| 花键等分不准 | 1)工件中心与分度头不同轴<br>2)分度头传动间隙过大<br>3)分度头摇错 | 1)准确找正工件轴线与分度头同轴<br>2)分度手柄转动方向一致,消除间隙<br>3)正确分度 |
| 花键与基准轴线不平行 | 1)分度头主轴轴线与纵向进给方向不平行<br>2)尾座顶尖与分度头不同轴 | 重新找正夹具 |
| 花键两端小径尺寸不一致 | 工件轴线与工作台台面不平行 | 重新找正工件 |
| 花键轴中段产生波纹 | 花键轴细长,刚性差 | 工件中段用千斤顶支承,增大刚性 |
| 键侧产生波纹,表面粗糙度值大 | 1)铣刀杆弯曲或垫圈不平行<br>2)铣刀杆与挂架轴承配合间隙大<br>3)铣刀磨钝<br>4)尾座顶尖未顶紧 | 1)找正铣刀杆或更换垫圈<br>2)调整间隙,加注润滑油<br>3)更换铣刀<br>4)调整、顶紧工件 |

## 五、加工过程

加工图 6-1 所示的外花键轴。

**1. 准备工作**

1) 毛坯件：材料为 45 钢，毛坯尺寸符合图样要求。
2) 设备：X6132 型卧式万能升降台铣床。
3) 工具：分度头、盘形铣刀、三面刃铣刀、垫铁、铜锤、划针盘、钢直尺、游标卡尺、千分尺、百分表、磁力表座。

**2. 花键铣削步骤**

工件的装夹与找正、刀具的装夹过程略，按表 6-4 所列步骤进行加工。

表 6-4 铣削加工步骤及说明

| 序号 | 操作步骤 | 加工示意图 | 操作方法及加工内容 |
|---|---|---|---|
| 1 | 试切对刀 | 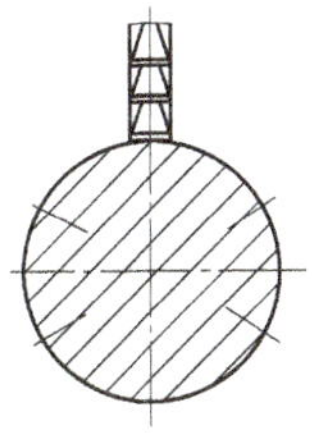 | 用切痕对刀法调整中间槽铣削位置 |
| 2 | 铣削中间槽 | 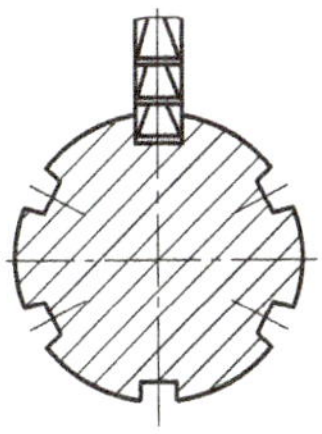 | 1）槽和键对称度的调整<br>2）调整中间槽的深度<br>3）分度手柄按转数 $n$ 分度，依次铣削 6 条中间槽 |
| 3 | 铣削花键一侧 | 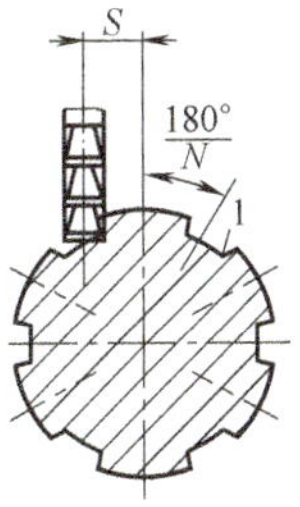 | 1）预检键的对称度并铣削键侧 1<br>2）调整键侧铣削位置<br>3）按等分要求，依次铣削各键键侧 1（六面） |
| 4 | 铣削花键另一侧 | 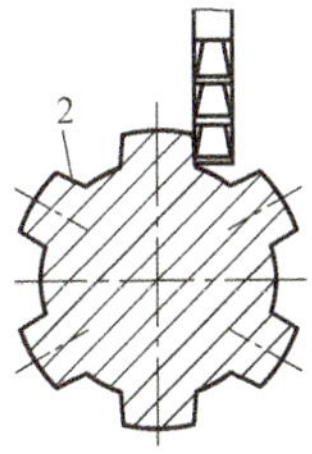 | 1）横向准确移动工作台，铣削键侧 2<br>2）铣出一段后，可测量键宽尺寸，确保键宽尺寸在公差范围内<br>3）按等分要求，依次铣削各键键侧 2 |

（续）

| 序号 | 操作步骤 | 加工示意图 | 操作方法及加工内容 |
|---|---|---|---|
| 5 | 对刀、调整工作台 | | 将分度头主轴转过30°，使工件槽处于上方位置，铣刀处于槽的中间位置，通过垂向对刀，确定小径铣削位置 |
| 6 | 铣键槽槽底 | | 铣削小径圆弧面<br>调整工件的圆周位置，使锯片铣刀从靠近键的一侧处开始铣削，并调节好纵向自动进给停止限位挡块，每铣削一刀后应退刀，再摇动分度手柄，使工件转过一个小角度后，继续进行铣削 |
| 7 | 质量检测 | | 检验工件是否达到图样要求 |

**3. 检验**

加工完毕后卸下工件，仔细测量各部分尺寸。

**4. 清理**

将工件送交检验后，清点工具，清扫工作场地。

## 任务评价

根据表6-5的要求检测工件，并将检测结果填入表中。

表6-5　工件检测评价表

| 序号 | 检测项目 | 考核内容 | 配分 | 评分标准 | 检测结果 | 得分 |
|---|---|---|---|---|---|---|
| 1 | 外形尺寸 | $180_{-0.063}^{0}$ mm | 5 | 超差不得分 | | |
| | | $120_{-0.063}^{0}$ mm | 5 | 超差不得分 | | |
| | | 30mm（2处） | 5 | 超差不得分 | | |
| | | 3mm×1mm（2处） | 4 | 超差不得分 | | |
| | | $\phi 35_{-0.025}^{0}$ mm（2处） | 6 | 超差不得分 | | |
| | | $\phi 45_{-0.050}^{-0.025}$ | 5 | 超差不得分 | | |
| | | $\phi 40_{-0.48}^{-0.32}$ | 5 | 超差不得分 | | |
| | | $8_{-0.049}^{-0.013}$ | 5 | 超差不得分 | | |

(续)

| 序号 | 检测项目 | 考核内容 | 配分 | 评分标准 | 检测结果 | 得分 |
|---|---|---|---|---|---|---|
| 2 | 几何公差 | ⌀ 0.04 A—B | 5 | 超差不得分 | | |
| | | ≡ 0.03 A—B | 5 | 超差不得分 | | |
| | | ∥ 0.03 A—B | 5 | 超差不得分 | | |
| 3 | 表面结构 | √Ra1.6 (3处) | 5 | 超差不得分 | | |
| | | √Ra3.2 | 5 | 超差不得分 | | |
| 4 | 工具设备的使用与维护 | 正确、规范使用工具、量具、刃具,合理保养及维护工具、量具、刃具 | 5 | 不符合要求酌情扣1~5分 | | |
| | | 正确、规范使用设备,合理保养及维护设备 | 5 | 不符合要求酌情扣1~5分 | | |
| | | 操作姿势、动作正确 | 5 | 不符合要求酌情扣1~5分 | | |
| 5 | 安全生产及其他 | 安全文明生产,遵守国家有关法规或企业的有关规定 | 5 | 不符合要求酌情扣1~5分 | | |
| | | 操作、工艺规程正确 | 5 | 不符合要求酌情扣1~5分 | | |
| 6 | 完成任务时间 | 45min | 10 | 每超过10min扣5分,超过20min为不合格 | | |
| 总分 | 100 | 最后得分: | | 指导教师签字: | | |

## 课后练习

对图6-7所示的花键轴进行大径定心铣削加工。

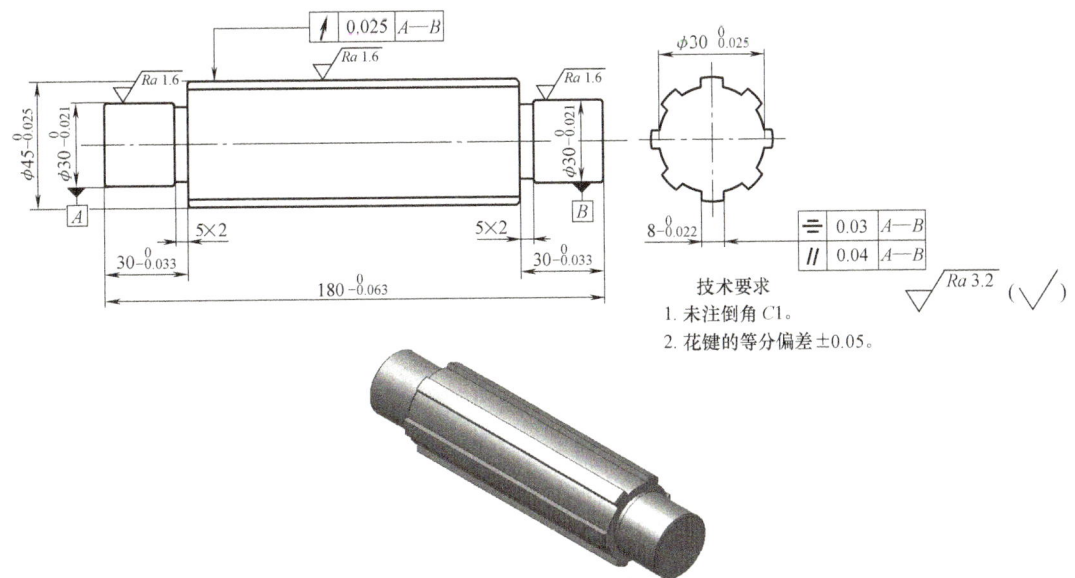

图6-7 课后练习图

## 任务二　铣削齿轮

### 任务描述

在铣床上加工图6-8所示的直齿圆柱齿轮，通过分析图样，根据工件材料的加工特性选择加工机床和加工刀具、夹具，分析加工工艺卡，实施加工和检验。其坯料已初步完成，直齿圆柱齿轮的模数是2mm，齿数为29，压力角为20°，精度等级为8FH。齿的表面粗糙度值为 $Ra3.2\mu m$，表面要求不高，铣削能够达到，不需精加工；尺寸精度要求适中。

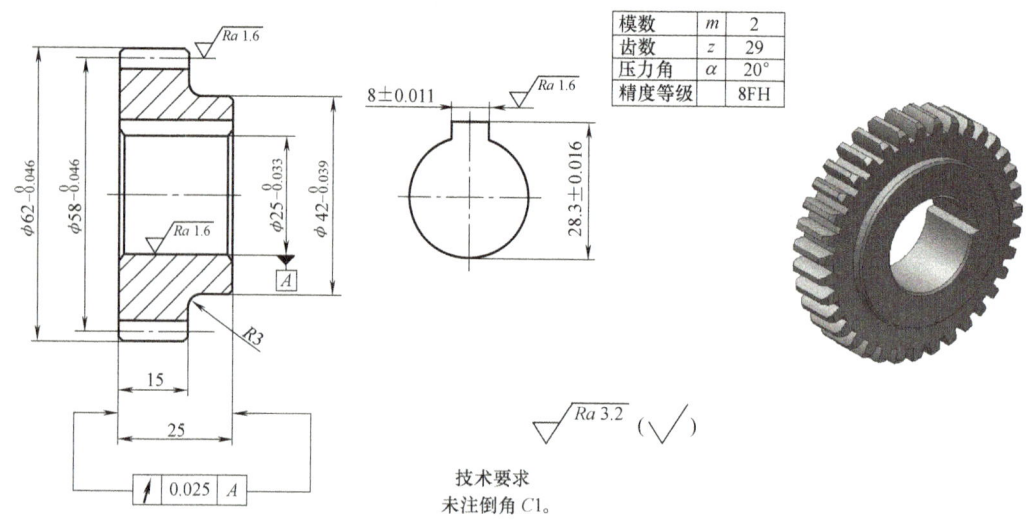

图6-8　直齿圆柱齿轮零件图

### 学习目标

1）掌握直齿圆柱齿轮基本参数与几何尺寸计算。
2）掌握直齿圆柱齿轮的基本技术要求。
3）掌握在铣床上加工直齿圆柱齿轮的方法。
4）掌握直齿圆柱齿轮的检测方法和质量分析方法。

### 知识链接

齿轮通过啮合运动实现运动传递。齿轮传动的主要特点是瞬时传动比恒定、转矩大、承载能力强、传动平稳和传动效率高，是机械传动中应用最广泛的传动件之一，在机械制造业中是应用最多、最普遍，最常用的一种传动形式。直齿圆柱齿轮的齿廓形状曲线是渐开线，加工齿轮的方法有展成法和成形法。在铣床上通常用成形铣刀铣削齿轮，即齿形曲线依靠齿轮铣刀的轮廓形状来保证，这种方法称为成形法。齿距的均匀性主要靠分度头分度来保证，齿轮精度分为1～12级，6～8级为中级精度，9～11级为一般精度。在铣床上用成形法铣削时，一般可达9级精度。齿轮的加工质量直接影响装配后机器的工作性能。

## 一、直齿圆柱齿轮的基本参数和几何尺寸计算

标准直齿圆柱齿轮的几何要素如图 6-9 所示,各几何要素的名称、代号、定义和计算公式见表 6-6。

## 二、直齿圆柱齿轮铣刀

加工齿轮的方法很多,基本上可分为展成法与成形法两大类。在铣床上铣齿属于成形法,它是利用切削刃形状和齿槽形状相同的齿轮铣刀,在铣床上分齿切制齿形的方法。铣齿加工的齿轮精度较低(经济精度 9 级),生产率不高,一般用在精度等级较低,且为单件或小批量的生产中。

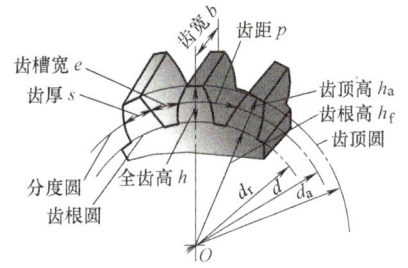

图 6-9　标准直齿圆柱齿轮的几何要素

表 6-6　标准直齿圆柱齿轮几何要素的名称、代号、定义和计算公式

| 名称 | 代号 | 定　　义 | 计算公式 |
| --- | --- | --- | --- |
| 模数 | $m$ | 齿距除以圆周率 $\pi$ 所得的值 | $m = p/\pi = d/z$,取标准值 |
| 压力角 | $\alpha$ | 分度圆上的压力角 | $\alpha = 20°$ |
| 分度圆直径 | $d$ | 分度圆柱面和分度圆的直径 | $d = mz$ |
| 齿距 | $p$ | 两个相邻而同侧的端面齿廓之间的分度圆弧长 | $p = \pi m$ |
| 齿顶高 | $h_a$ | 齿顶圆与分度圆之间的径向距离 | $h_a = h_a^* m = m$ |
| 齿宽 | $b$ | 轮齿宽度 | |
| 齿根高 | $h_f$ | 齿根圆与分度圆之间的径向距离 | $h_f = (h_a^* + c^*)m = 1.25m$ |
| 全齿高 | $h$ | 齿顶圆与齿根圆之间的径向距离 | $h = h_a + h_f = 2.25m$ |
| 齿顶圆直径 | $d_a$ | 齿顶圆柱面和齿顶圆的直径 | $d_a = d + 2h_a = m(z+2)$ |
| 齿根圆直径 | $d_f$ | 齿根圆柱面和齿根圆的直径 | $d_f = d - 2h_f = m(z-2.5)$ |
| 齿厚 | $s$ | 一个齿的两侧端面齿廓之间的分度圆弧长 | $s = p/2 = \pi m/2$ |
| 齿槽宽 | $e$ | 一个齿槽的两侧端面齿廓之间的分度圆弧长 | $e = p/2 = \pi m/2 = s$ |
| 基圆直径 | $d_b$ | 基圆柱面和基圆的直径 | $d_b = d\cos\alpha = mz\cos\alpha$ |
| 中心距 | $a$ | 齿轮副的两轴线间的最短距离 | $a = d_1/2 + d_2/2 = m(z_1+z_2)/2$ |

直齿圆柱齿轮铣刀有盘形和指形两种:盘形齿轮铣刀(图 6-10a)用于在卧式铣床上铣制齿轮,已标准化;指形齿轮铣刀(图 6-10b)用于在立式铣床上铣制齿轮,用于加工大模数($m \geq 10mm$)的圆柱齿轮,目前尚未标准化。

渐开线的形状与基圆大小有关,而基圆直径 $d_b$ 又与齿轮模数 $m$、齿数 $z$ 和压力角 $\alpha$ 有关($d_b = mz\cos\alpha$),因压力角 $\alpha = 20°$ 是标准值,因此基圆直径的大小只与模数 $m$ 和齿数 $z$ 有关,因为齿轮齿形曲线由该齿轮的基圆大小决定,基圆大小又与齿轮的模数、齿数和压力角的大小有关。因此,模数和压力角相同而齿数不同的齿轮,应用不同的铣刀铣

制，这样就需要制造许多不同齿形的铣刀，很不经济。为此，对同种模数和压力角的齿轮盘铣刀，按被加工齿轮的齿数分段并编号，同一号齿轮铣刀加工分段内齿数的齿轮，其所产生的齿形误差对精度要求不高的齿轮来说是允许的。这样较经济易行，所以齿轮盘铣刀要分号。

标准的齿轮盘铣刀的分段编号方法有两种：当 $m = 1 \sim 8$mm 时，每套 8 把，分别为 1～8 号；当 $m = 9 \sim 16$mm 时，每套 15 把，分别为 1 号、1.5 号、2 号、2.5 号、…、8 号。

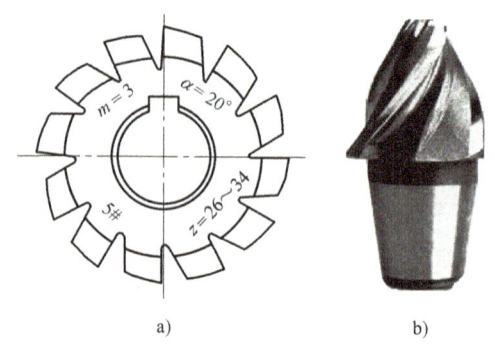

图 6-10　齿轮铣刀
a）盘形齿轮铣刀　b）指形齿轮铣刀

## 任务实施

### 一、直齿圆柱齿轮的铣削

在卧式铣床上加工直齿圆柱齿轮时主要用分度头装夹，用盘形齿轮铣刀逐齿进行铣削，如图 6-11 所示。

**1. 铣齿前的准备工作**

1）检查齿坯是否符合规定要求，主要检查齿顶圆和基准孔径或轴径的尺寸及同轴度，齿坯的轴向圆跳动等误差，不合要求的齿坯应剔除。

2）精确找正工作台的"零"位，安装和找正分度头及尾座。

3）安装和找正工件，使工件轴线与工作台台面和纵向进给方向平行。

4）分齿分度的计算与调整。一般根据齿数用简单分度法进行分度计算并调整，但当齿轮的齿数（如 $z = 61$、67、71、…）不能采用简单分度法分度时，应采用差动分度法分度。

5）安装铣刀并对中，使铣刀轮廓形状对称中心线对准工件中心，一般可采用划线试切对中法（切痕对中法），如图 6-12 所示。

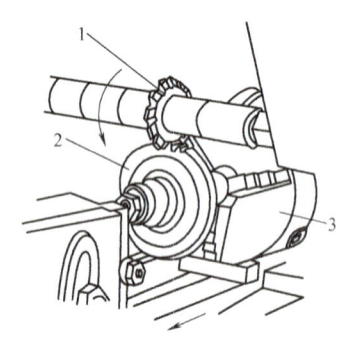

图 6-11　在铣床上铣削直齿圆柱齿轮
1—盘形齿轮铣刀　2—工件　3—万能分度头

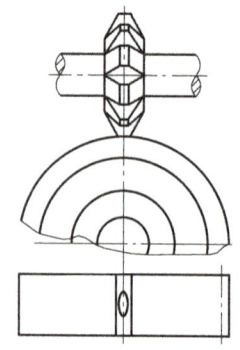

图 6-12　划线试切法对中

在加工中对刀是使铣刀齿形的中心对准工件的中心。如果中心未对准确，则会使铣出的齿向一边偏斜，影响齿轮的啮合和使用。直齿圆柱齿轮铣削加工的对刀方法见表 6-7。

## 表6-7 直齿圆柱齿轮铣削加工的对刀方法

| 类型 | 操作说明 |
| --- | --- |
| 按划线对刀 | 在工作台上装一划针盘,先使划针尖略低于工件中心,在工件上划出一条线;再将工件旋转180°,在工件上划出第二条线;然后将工件转动20°,使两条线在工件的上方,移动工作台使铣刀处在两条平行线中间,即表示铣刀已对中心。此法较为简易,但需观察仔细,操作熟练。为进一步提高对刀的准确度,可在工件上试切一道微小的线痕,观察线痕与两条线的相对位置。横向移动工作台,以找正对齐 |
| 用千分表对刀 | 将带有磁力吸盘的千分表座吸附在铣床立柱导轨面上,移动工作台,使千分表测头对准工件外圆周面,找出内侧最远的一条素线,记下千分表刻度值。纵向和垂直移动工作台,使千分表测头靠近铣刀侧面,在其间垫上高度为 $H$ 的量块组,使千分表示值和所记刻度值一致,铣刀齿形中心即视为对准了工件中心 |
| 用分度头顶尖对刀 | 工件装夹前移动工作台,使铣刀侧端面对正分度头顶尖。装好工件后再将工作台横向移动 $B/2$ 的距离($B$ 为铣刀两侧端面厚度),即视为铣刀齿形中心与工件中心对齐。此法应在分度头及尾座安装找正后进行 |
| 用心轴对刀 | 工件装夹后移动工作台,使铣刀侧端面与心轴一端外圆侧面接触。下降工作台,将工作台横向移动,即可对准中心 |

**2. 铣削用量的选择**

(1) 铣削速度 $v_c$  铣削速度与齿坯材料有关。实际铣削速度可按表6-8中所列数值再乘以 0.75~0.85 的修正系数确定。

表6-8 铣直齿圆柱齿轮的铣削速度  (单位:r/min)

| 齿轮材料 | 45钢 | 40Cr | 20Cr | 铸铁、HT150、硬青铜 | 中等硬度青铜、黄铜 |
| --- | --- | --- | --- | --- | --- |
| 铣削速度 $v_c$ | 粗铣 | | | | |
| | 32 | 30 | 22 | 25 | 40 |
| | 精铣 | | | | |
| | 40 | 37.5 | 27 | 31 | 50 |

注:铣床主轴转速可按式 $n = \dfrac{1000v_c}{\pi D}$ 求出,式中 $D$ 为铣刀直径,单位为 mm。

通常,铣床主轴转速 $n$ 可按以下数据选取:铣钢质齿轮时,取 95~150r/min;铣铸铁件时,取 75~118r/min。

(2) 进给量 $f$  进给量与齿坯材料、齿轮模数大小、机床刚度、夹具、刀具等因素有关,其中以齿坯材料为主。粗加工时进给量取大值,精加工时取小些。进给量一般可按以下数据选取:铣削钢质齿轮时,取 60~75mm/min;铣削铸铁件时,取 47.5~60mm/min。

(3) 侧吃刀量 $a_e$  侧吃刀量 $a_e$ 等于全齿高($h = 2.25m$)。齿形铣削一般分粗铣和精铣,为了保证精度,精铣时侧吃刀量 $a_e$ 一般按 0.15~0.30mm 预留。

## 二、直齿圆柱齿轮的测量

**1. 齿厚的测量**

(1) 分度圆弦齿厚的测量  分度圆弦齿厚要在分度圆周上测量,测量时水平游标卡尺两测量爪尖应落在分度圆周上(图6-13中 $a$、$b$ 两点),测得的齿厚实际上是 $a$、$b$ 两点间的弦长,故称为(分度圆)弦齿厚,而不是齿厚 $s$(弧长)。

(2) 固定弦齿厚 $c$ 的测量  固定弦齿厚的测量方法和分度圆弦齿厚的测量方法相同,只是测量的部位不同。

## 2. 公法线长度的测量

测量公法线长度使用公法线千分尺（或普通游标卡尺）作为测量工具，用千分尺的两个相互平行的测量面（或游标卡尺两测量爪的测量面）与被测齿轮按规定齿数（两个或两个以上）的轮齿不同侧的齿面相切，两测量面之间的垂直距离 $W$ 即为公法线长度，如图 6-14 所示。这种测量方法的优点是方便、简单、精确度高，且 $W$ 值的大小不受齿轮齿顶圆直径的影响。齿轮加工中常通过测量公法线长度间接控制铣削的全齿高和分齿的等分性，并保证侧隙的要求。

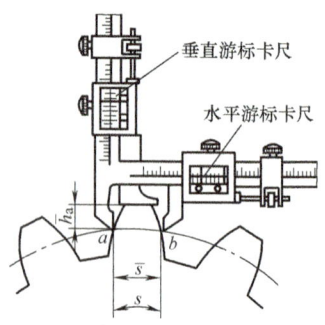

图 6-13 用齿厚游标卡尺测量分度圆弦齿厚

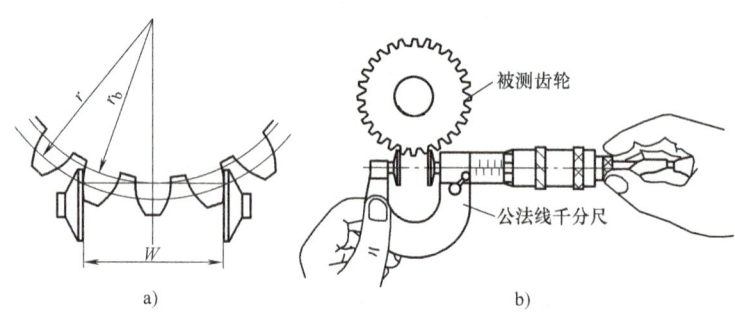

图 6-14 公法线长度的测量
a）用公法线千分尺测量  b）用游标卡尺测量

## 3. 齿圈径向圆跳动误差的测量

根据齿轮加工精度的要求，在生产现场除测量齿厚和公法线长度外，还应测量齿圈径向圆跳动误差。齿圈径向圆跳动误差是指齿轮在转动一周内，百分表测头在齿槽中部和在齿形两侧双侧接触时相对于齿轮轴线的最大变动量，如图 6-15 所示。

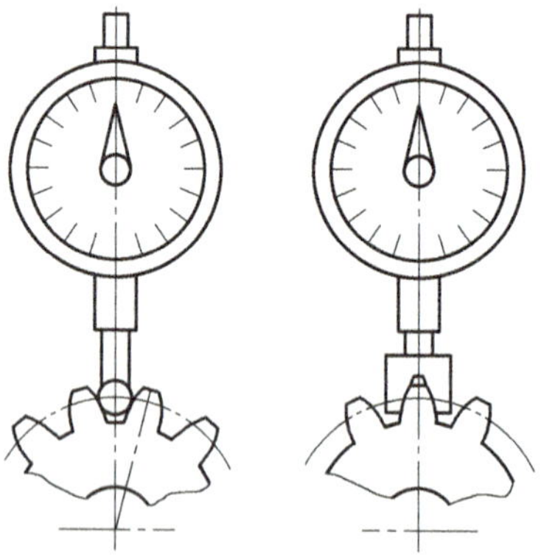

## 三、直齿圆柱齿轮的铣削质量分析

直齿圆柱齿轮铣削容易产生的问题及其产生原因与注意事项见表 6-9。

## 四、加工过程

加工图 6-8 所示的直齿圆柱齿轮工件。

图 6-15 齿圈径向圆跳动误差的测量

表 6-9 直齿圆柱齿轮铣削容易产生的问题及其产生原因与注意事项

| 容易产生的问题 | 产生原因与注意事项 |
| --- | --- |
| 齿数与给定齿数不符 | 1）分度计算错误<br>2）选错分度盘孔圈或分度叉之间孔距数不对 |
| 齿距偏差过大，齿厚大小不等 | 1）铣刀模数或刀号选择错误<br>2）铣削宽度计算错误或调整不准 |

项目六 典型复杂零件的铣削

(续)

| 容易产生的问题 | 产生原因与注意事项 |
|---|---|
| 轮齿偏斜(困牙) | 铣刀轮廓形状的轴线没有对准齿坯中心,对中误差过大 |
| 全齿高、齿厚不准 | 1)铣刀模数或刀号选择错误<br>2)铣削宽度计算错误或调整不准 |
| 齿面表面粗糙度值大 | 1)铣刀磨损变钝或安装不好,摆差过大<br>2)铣削用量选择不当<br>3)铣削时振动大<br>4)切削速度过大或过小<br>5)工件材料硬度不均匀,切削液选用不合理,冷却不充分 |

**1. 准备工作**

1)毛坯件:材料为 45 钢,毛坯尺寸符合图样要求。

2)设备:X6132 型卧式万能升降台铣床。

3)工具:分度头、模数为 2mm 的盘形齿轮铣刀、垫铁、铜锤、划针盘、钢直尺、游标卡尺、千分尺、百分表、磁力表座。

**2. 齿轮铣削步骤**(之前加工步骤省略)

1)检验齿轮坯件,用百分表检查工件的内、外径。

2)安装、找正分度头和尾座并进行齿坯的装夹、检测。

3)选择并安装铣刀。

4)按表 6-10 所列加工步骤进行加工。

表 6-10 加工步骤

| 序号 | 操作步骤 | 加工示意图 | 操作方法及加工内容 |
|---|---|---|---|
| 1 | 划线试切对中 | | 在齿坯圆周水平位置上划出对刀用中心线和左右相隔 1mm 的观察线后,转过 90°,使划线处于最上方位置;纵横两个方向移动工作台,使铣刀刀尖对准中心线对刀划痕,通过三线观察,确认划痕在齿坯的对称中间位置,记下刀具的高度位置 |
| 2 | 切第一、二齿槽 | | 将试切槽转回 90°,确定铣刀对准毛坯件最高点,按齿槽深加工第一个齿槽,退刀。转过分度手柄加工第二个齿槽,退刀 |

(续)

| 序号 | 操作步骤 | 加工示意图 | 操作方法及加工内容 |
|---|---|---|---|
| 3 | 检测齿厚 | 垂直游标卡尺 水平游标卡尺 | 用齿厚游标卡尺测量分度圆弦齿厚 |
| 4 | 铣全部齿轮 | | 将铣刀对准，试刀后，分度铣出全部齿数的刀痕，检查合格后，调整背吃刀量分两次进给，逐齿铣出全部齿槽 |
| 5 | 质量检测 | | 检验工件是否达到图样要求 |

**3. 检验**

加工完毕后卸下工件，仔细测量各部分尺寸。

**4. 清理**

将工件送交检验后，清点工具，清扫工作场地。

## 任务评价

根据表 6-11 的要求检测工件，并将检测结果填入表中。

表 6-11　工件检测评价表

| 序号 | 检测项目 | 考核内容 | 配分 | 评分标准 | 检测结果 | 得分 |
|---|---|---|---|---|---|---|
| 1 | 外形尺寸 | $\phi 62_{-0.046}^{0}$ mm | 5 | 超差不得分 | | |
| | | $\phi 58_{-0.046}^{0}$ mm | 5 | 超差不得分 | | |
| | | $\phi 25_{-0.033}^{0}$ mm | 5 | 超差不得分 | | |
| | | $\phi 42_{-0.039}^{0}$ mm | 5 | 超差不得分 | | |
| | | $R3$ mm | 5 | | | |
| | | $28.3 \pm 0.016$ mm | 5 | 超差不得分 | | |
| | | $8 \pm 0.011$ mm | 5 | 超差不得分 | | |
| | | 25 mm | 2 | 超差不得分 | | |
| | | 15 mm | 3 | 超差不得分 | | |

(续)

| 序号 | 检测项目 | 考核内容 | 配分 | 评分标准 | 检测结果 | 得分 |
|---|---|---|---|---|---|---|
| 2 | 几何公差 | // 0.025 A | 10 | 超差不得分 | | |
| 3 | 表面结构 | $\sqrt{Ra1.6}$ (3处) | 9 | 超差不得分 | | |
| | | $\sqrt{Ra3.2}$ | 6 | 超差不得分 | | |
| 4 | 工具设备的使用与维护 | 正确、规范使用工具、量具、刃具,合理保养及维护工具、量具、刃具 | 5 | 不符合要求酌情扣1~5分 | | |
| | | 正确、规范使用设备,合理保养及维护设备 | 5 | 不符合要求酌情扣1~5分 | | |
| | | 操作姿势、动作正确 | 5 | 不符合要求酌情扣1~5分 | | |
| 5 | 安全生产及其他 | 安全文明生产,遵守国家有关法规或企业的有关规定 | 5 | 不符合要求酌情扣1~5分 | | |
| | | 操作、工艺规程正确 | 5 | 不符合要求酌情扣1~5分 | | |
| 6 | 完成任务时间 | 90min | 10 | 每超过10min扣5分,超过20min为不合格 | | |
| 总分 | 100 | 最后得分: | | 指导教师签字: | | |

## 课后练习

练习加工图 6-16 所示工件。

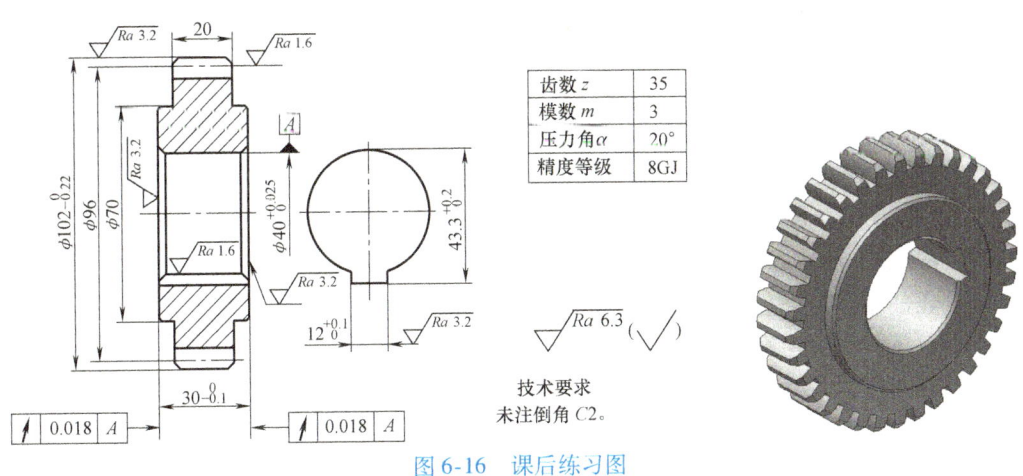

图 6-16  课后练习图

## 任务三  铣削凸轮

### 任务描述

图 6-17 所示为等速盘形凸轮,凸轮的基圆直径为 46mm,从动件滚子直径为 20mm,工

作型面的表面粗糙度值为 $Ra3.2\mu m$，用垂直铣削法进行加工。

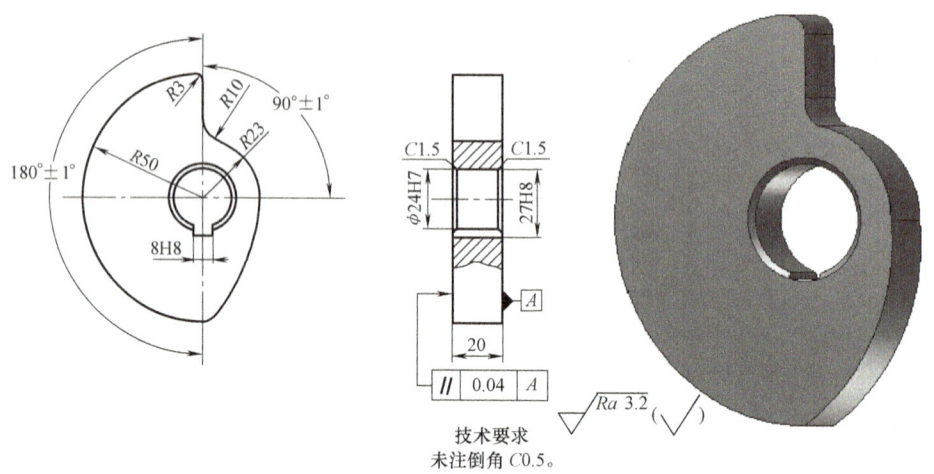

图 6-17　等速盘形凸轮

## 学习目标

1）掌握凸轮的基本知识及技术要求。
2）会在铣床上加工盘形凸轮。
3）掌握检测凸轮的方法。
4）能分析加工等速盘形凸轮时产生废品的原因及采取的预防措施。

## 知识链接

凸轮是各种机械中经常采用的零件，其种类较多，常用的有圆盘（盘形）凸轮和圆柱凸轮。凸轮机械是依靠凸轮本身的轮廓形状使从动件获得所需要的运动的，凸轮轮廓的形状决定了从动件的运动规律。凸轮机械就其运动规律可分为等速运动、等加速运动和等减速运动等。在普通铣床上加工的凸轮一般是等速盘形凸轮。等速盘形凸轮的工作型面一般都采用阿基米德螺旋面。

铣削等速盘形凸轮时，一般应达到如下工艺要求：
1）凸轮的工作型面应具有较小的表面粗糙度值。
2）凸轮工作型面应符合预定的形状，以满足从动件接触方式的要求。
3）凸轮工作型面应符合所规定的导程（或升高量、升高率）、旋向、基圆、槽深等要求。
4）凸轮工作型面应与某一基准部位处于正确的相对位置。等速盘形凸轮的工作型面是在圆周面上的，这种凸轮通常是在立式铣床上铣削而成的。

下面介绍等速盘形凸轮的铣削方法。

等速盘形凸轮的铣削方法很多，成批生产时大多采用模型仿形加工。对于单件或小批量生产，最常用的是分度头交换齿轮法和回转工作台交换齿轮法。在分度头上安装工件铣削等速盘形凸轮时，根据立铣头轴线（或工件轴线）与工作台台面的位置关系，可分为垂直铣削法（表 6-12）和倾斜铣削法（表 6-13）。

垂直铣削法是指加工时工件和立铣刀的轴线都与工作台台面相垂直的铣削方法,如图 6-18 所示。是立铣刀轴线与工件轴线互相平行,并均垂直于工作台台面的铣削凸轮的工作方法。

**1. 垂直铣削法铣等速盘形凸轮的特点**

1)当等速盘形凸轮上有几条不同导程的曲线时,每加工一条曲线,就需要搭配一次交换齿轮。

2)对于一些导程是大质数或带小数值的凸轮,用垂直法加工,交换齿轮搭配较困难。

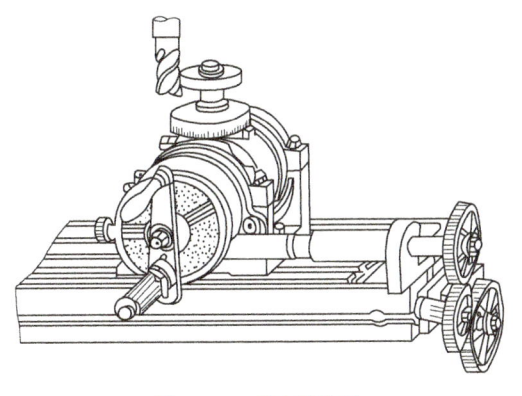

图 6-18 垂直铣削法

3)用垂直法加工等速盘形凸轮时,由于分度头主轴扳成垂直位置,有些机床会因垂直行程不够而无法加工,同时由于交换齿轮时分度头位于工作台一端尽头处,使工件不能触及铣刀,需增设接长装置。

表 6-12 垂直铣削法铣削等速盘形凸轮

| 序号 | 步骤 | 说 明 | 图 示 |
|---|---|---|---|
| 1 | 划线 | 划线并粗铣 | 略 |
| 2 | 选择铣刀与铣削方向 | 选择铣刀与铣削方向。立铣刀的直径应等于凸轮从动件滚子的直径。要注意凸轮的正反面,即当铣刀顺时针方向旋转时,凸轮的工作曲线应按逆时针方向升高,凸轮按顺时针方向旋转 | 右旋铣刀　左旋铣刀<br>纵向进给　纵向进给 |
| 3 | 安装工件 | 将粗铣后的凸轮坯件用带键的锥度心轴直接装于分度头主轴锥孔中,用拉紧螺栓紧固后将分度头主轴仰起 90° | |

(续)

| 序号 | 步骤 | 说　明 | 图　示 |
|---|---|---|---|
| 4 | 计算交换齿轮 | 为保证工件旋转一周的同时工件等速移动一个导程的距离,应将工作台丝杠与分度头侧轴用交换齿轮连接起来,主动轮装在工作台上,从动轮装在分度头的侧轴上。中间轮的使用原则:铣削时保证逆铣状态,使凸轮的旋转方向与铣刀的旋转方向相同,并且纵向进给方向应使工件中心逐渐远离铣刀 | |
| 5 | 对刀 | 从动件是对心直动的"对心凸轮",对刀时应使铣刀和工件的中心连线与工作台纵向进给平行。从动件是偏置的"偏心凸轮",对刀时应利用工作台的横向进给使铣刀的中心偏离工件的中心,偏移的距离必须等于从动件的偏心距 $e$,并且偏移的方向也必须与从动件的偏置方向一致 | |
| 6 | 进刀及退刀 | 进刀时,先将分度手柄的定位销拔出,然后摇动工作台使其纵向移动,使工件靠近铣刀(此时工件只移不转),待铣刀切入工件到预定深度时,再将定位销插入孔盘孔眼中。接着按预定方向摇动手柄,带动孔盘及工件转动(工件边转边移)进行铣削。退刀时,可使工作台横向移动(移动前先记准刻度),使工件离开铣刀,再反向摇动手柄(定位销不要拔出),使工件反向转动,退回到起始位置,再使工作台横向复位,进行第二次进刀,依次铣削至尺寸要求 | |

表 6-13　倾斜铣削法

| 项目 | 说　明 | 图　示 |
|---|---|---|
| 含义 | 倾斜铣削法是指铣削时工件与立铣刀主轴轴线平行,并都与工作台台面成一倾斜角进行铣削的方法 | |

(续)

| 项目 | 说　明 | 图　示 |
|---|---|---|
| 铣削原理 | 当分度头主轴仰起角度 α 后,立铣头也必须相应回转一个角度 β。$P_h = P_{h1}\sinα$。采用倾斜铣削法加工凸轮的具体操作方法与垂直铣削法基本相同 | |

4) 用垂直铣削法铣等速盘形凸轮时,进刀和退刀比较麻烦。

**2. 倾斜铣削法的特点**

其特点是计算准确,加工范围广泛,不受工作曲线的限制,只要交换一套齿轮就可以铣出几段不同导程的曲线,而且操作简便,也不受凸轮尺寸的限制,弥补了垂直铣削法的不足。与垂直铣削法相比,倾斜铣削法具有下列优点。

1) 当凸轮上有几条不同导程的曲线时,只需选择一个适当的假定导程,交换一次齿轮即可。当曲线导程不同时,只要改变分度头和立铣头的倾斜角就可进行加工。

2) 用倾斜铣削法加工大质数或带小数值的凸轮时,可将假定的导程选择整数值,然后通过计算,按所得倾斜角 α 和 β 值分别调整分度头和立铣头,即可加工所要求的凸轮。

3) 当用倾斜铣削法铣削时,可以通过调整分度头和立铣头的倾角来弥补垂直铣削法受机床行程限制的缺陷。

4) 倾斜铣削法铣削凸轮时,只需升降工作台即可实现进刀和退刀。

倾斜铣削法的缺点是铣刀切削刃较长,铣刀伸出长度较长,影响立铣刀的刚性。

## 任务实施

### 一、加工过程

加工图 6-17 所示工件。

**1. 准备工作**

1) 毛坯件:材料为 45 钢,毛坯尺寸符合图样要求。

2) 设备:选用 X6132 型卧式万能升降台铣床。

3) 铣刀:选用立铣刀,直径应等于凸轮从动件滚子的直径 20mm。

4) 工具:分度头、立铣刀、垫铁、铜锤、划针盘、钢直尺、游标卡尺、千分尺、百分表、磁力表座。

**2. 凸轮铣削步骤**(之前加工步骤省略)

1) 进行工件坯料检查与划线,按图样尺寸划出各段工作曲线,并打样冲眼。

2) 计算与安装交换齿轮。

① 计算导程 $P_{h1}$。

② 交换齿轮的计算。

3）工件安装与找正。

4）按表6-14所列加工步骤进行加工。

表6-14 加工步骤

| 序号 | 加工示意图 | 操作方法及加工内容 |
| --- | --- | --- |
| 1 | 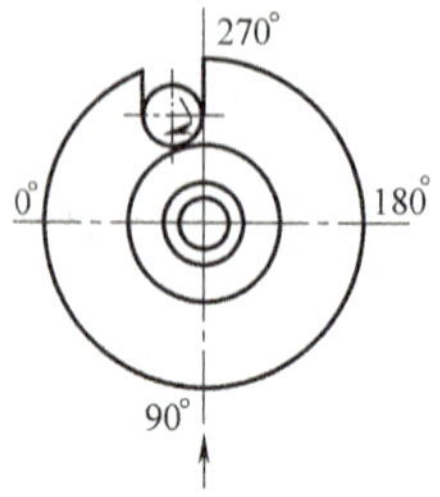 | 拔出分度定位销，转动分度手柄，用大头针找正90°、270°位置中心连线，使之与纵向工作台进给方向平行；然后紧固分度头主轴，选用外径为20mm的立铣刀分粗、精铣铣削270°位置直线段和R10mm型面至划线位置。下降垂向工作台，使铣刀脱离工件 |
| 2 | 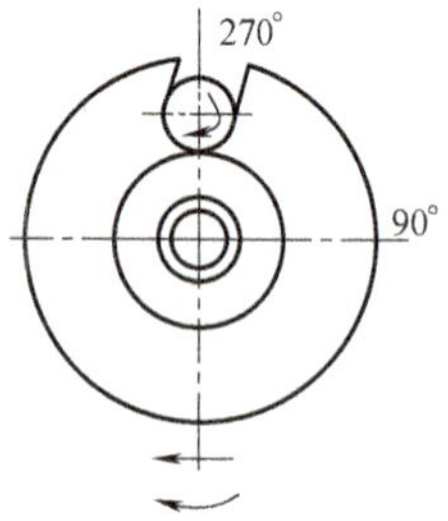 | 移动横向工作台，移动方向如图所示，移动量为10mm；然后移动纵向工作台并转动分度手柄，垂向上升使铣刀逐步接近R10mm位置 |
| 3 | 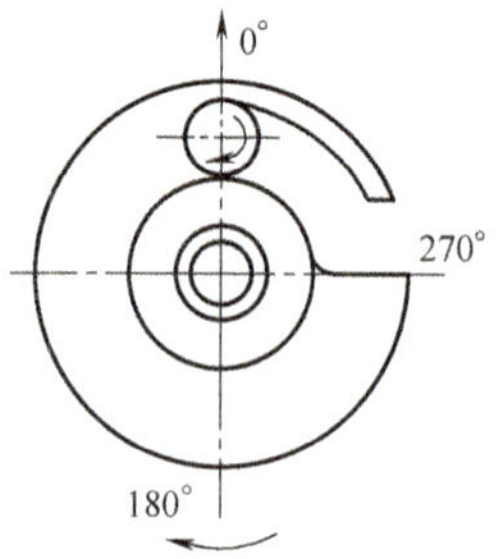 | 转动分度手柄，用纵向工作台调整铣削量，逐次铣削270°~0°位置基圆部分型面至划线位置 |
| 4 | 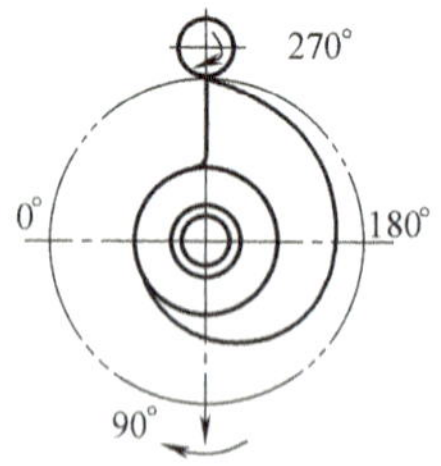 | 铣工作型面时铣刀应处于0°起始位置，铣削时先拔出分度定位销，用纵向工作台调整铣削余量，然后把分度定位销插入孔盘孔眼，顺工作曲线升高方向转动分度手柄并带动分度头和纵向工作台做复合运动，逐次铣削0°~270°螺旋型面至划线位置 |
| 5 | 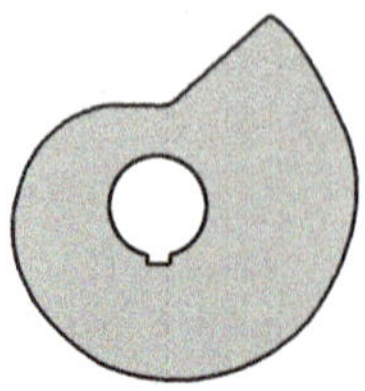 | 检验工件是否达到图样要求 |

## 3. 检验

加工完毕后卸下工件，仔细测量各部分尺寸。

### 4. 清理

将工件送交检验后，清点工具，清扫工作场地。

## 二、等速盘形凸轮铣削的检测与质量分析

### 1. 凸轮的检测

（1）等速盘形凸轮检测的主要项目

1）凸轮工作曲线的主要参数包括导程、升高量、工作曲线所占圆心角等。

2）凸轮工作型面的几何精度，主要是螺旋型面素线的直线度和工作型面的起始位置。

（2）检测方法

1）升高量的检测。将工件装夹在分度头上，根据从动件工作位置安装百分表（检测对心直动凸轮时，百分表测头对准工件中心；检测偏置直动凸轮时，应将百分表放在偏离中心距为规定值的位置上测量）。摇动分度头，测量并记录工作曲线的圆心角和升高量，并通过计算求得导程。

2）凸轮工作型面形状精度的检测。测量时可使用直角尺检查各点处素线对垂直于凸轮轴线的基准平面的垂直度误差。

3）凸轮工作型面起始位置的检测。对于盘形凸轮，采用测量基圆半径的方法，用游标卡尺直接量得型面曲线上最低点到凸轮中心的距离，即为基圆半径。最低点位置就是工作型面的起始位置。

### 2. 等速盘形凸轮铣削的质量分析

凸轮铣削操作复杂，加工过程中涉及的问题也比较多，铣削过程中的质量问题及其产生原因见表6-15。

表6-15 凸轮铣削过程中的质量问题及其产生原因

| 质量问题 | 产 生 原 因 |
| --- | --- |
| 表面粗糙度值大 | 1）铣刀不锋利；立铣刀过长，刚性差<br>2）进给量过大，铣削方向选择不当<br>3）工件装夹不稳固，有振动<br>4）传动系统间隙过大<br>5）手动操纵，两手操作不协调，进给不均匀或中途停顿 |
| 导程或升高量不正确 | 1）导程、交换齿轮、分度头起度角等计算错误<br>2）交换齿轮配置错误，如齿数错误，主、从动轮颠倒<br>3）铣刀直径选择不正确<br>4）调整精度差，如分度头、立铣头主轴位置及立铣刀切削位置不准确 |
| 工作型面形状误差大 | 1）未区别不同类型的螺旋面，铣刀切削位置不准确<br>2）铣刀形状误差大，如有锥度不准、素线不直等情况<br>3）分度头与立铣头相对位置不正确<br>4）铣削非对心凸轮时，铣刀对凸轮中心的偏移量计算错误 |

## 任务评价

根据表6-16的要求检测工件，并将检测结果填入表中。

表 6-16 工件检测评价表

| 序号 | 检测项目 | 考核内容 | 配分 | 评分标准 | 检测结果 | 得分 |
|---|---|---|---|---|---|---|
| 1 | 外形尺寸 | 8H8 | 5 | 超差不得分 | | |
| | | R50mm | 2 | 超差不得分 | | |
| | | R23mm | 2 | 超差不得分 | | |
| | | R10mm | 2 | 超差不得分 | | |
| | | R3mm | 2 | 超差不得分 | | |
| | | $\phi$24H7 | 5 | 超差不得分 | | |
| | | 27H8 | 5 | 超差不得分 | | |
| | | 180°±1° | 5 | 超差不得分 | | |
| | | 90°±1° | 5 | 超差不得分 | | |
| 2 | 倒角 | C1.5 | 5 | 超差不得分 | | |
| | | C0.5 | 5 | 超差不得分 | | |
| 3 | 几何公差 | ∥ 0.04 A | 10 | 超差不得分 | | |
| 4 | 表面结构 | Ra 3.2 | 12 | 超差不得分 | | |
| 5 | 工具设备的使用与维护 | 正确、规范使用工具、量具、刃具,合理保养及维护工具、量具、刃具 | 5 | 不符合要求酌情扣 1~5 分 | | |
| | | 正确、规范使用设备,合理保养及维护设备 | 5 | 不符合要求酌情扣 1~5 分 | | |
| | | 操作姿势、动作正确 | 5 | 不符合要求酌情扣 1~5 分 | | |
| 6 | 安全生产及其他 | 安全文明生产,遵守国家有关法规或企业有关规定 | 5 | 不符合要求酌情扣 1~5 分 | | |
| | | 操作、工艺规程正确 | 5 | 不符合要求酌情扣 1~5 分 | | |
| 7 | 完成任务时间 | 90min | 10 | 每超过 10min 扣 5 分,超过 20min 为不合格 | | |
| 总分 | 100 | 最后得分: | | 指导教师签字: | | |

## 课后练习

练习加工图 6-19 所示工件。

项目六 典型复杂零件的铣削

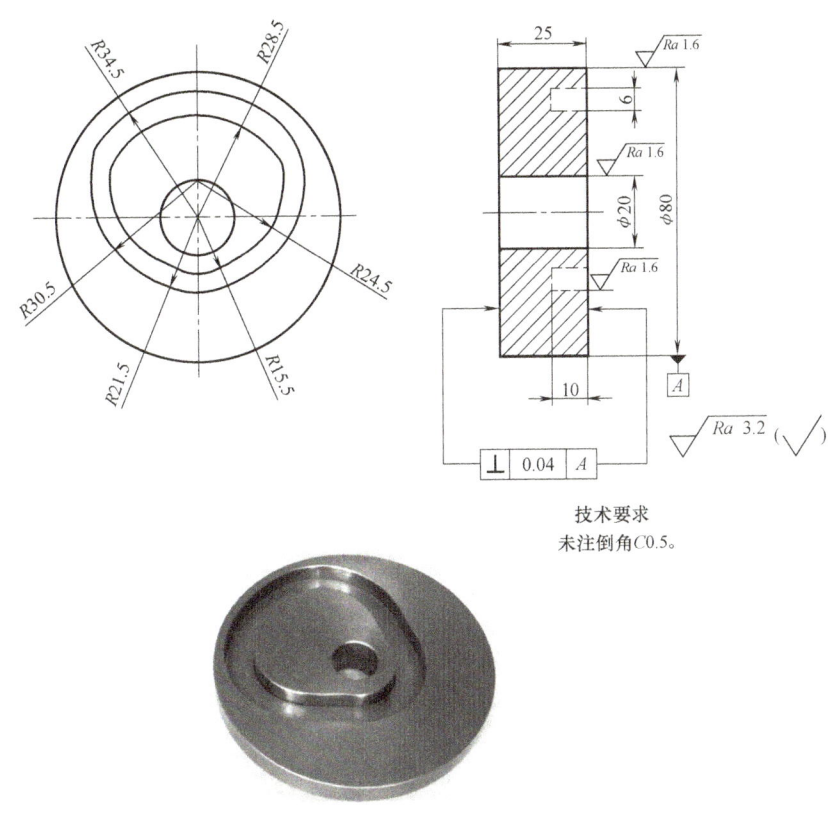

技术要求
未注倒角C0.5。

图 6-19 课后练习图

## 任务四　　铣削离合器

### 任务描述

离合器主要用于将一根轴的回转运动沿轴线方向传递给另一根轴,通过离合器的接合和分离,使从动轴回转、停止或变速、换向。加工图 6-20 所示的矩形齿离合器。

### 学习目标

1) 掌握牙嵌离合器的分类和结构特征。
2) 了解牙嵌离合器的主要技术要求。
3) 会在铣床上加工牙嵌离合器。
4) 学会矩形齿离合器的检验方法。

### 知识链接

#### 一、牙嵌离合器的概念

牙嵌离合器是依靠一对离合器端面上的齿与齿槽相互啮合或脱开来传递或切断动力和运

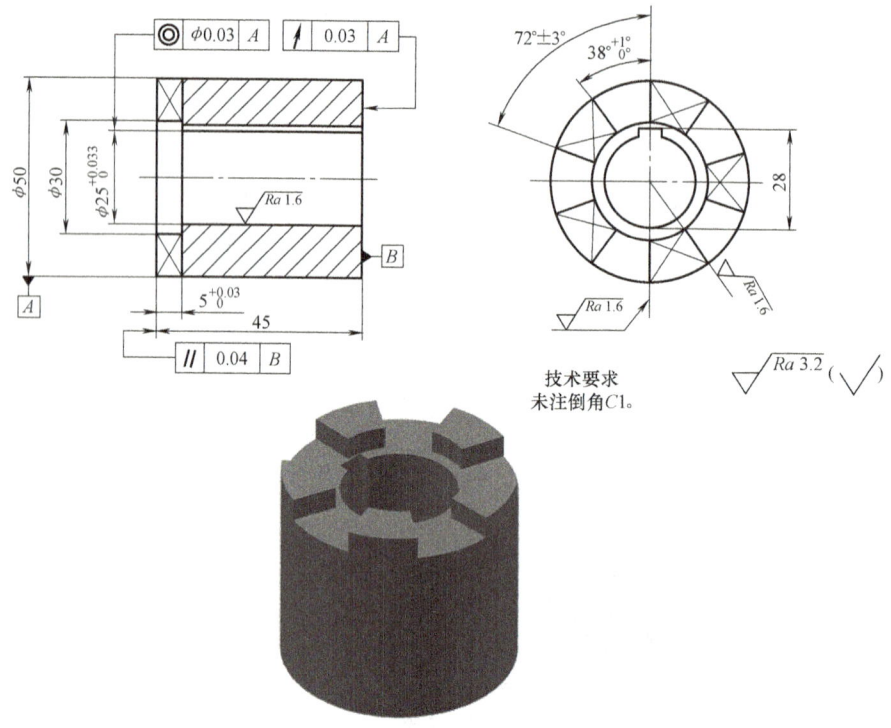

图 6-20 矩形齿离合器

动的部件。

根据齿形的基本特征,牙嵌离合器可分为两大类,即等高齿离合器和收缩齿离合器,根据齿形展开的几何特点还可分为矩形齿、梯形齿、三角形齿、锯齿和螺旋齿等多种类型。常见牙嵌离合器的齿形及其特点见表 6-17。

表 6-17 常见牙嵌离合器的齿形及其特点

| 序号 | 齿形类型 | 基本齿形 | 特 点 |
|---|---|---|---|
| 1 | 矩形齿 | 外圆展开齿形 | 齿顶面和槽底面相互平行且均垂直于工件轴线 |
| 2 | 三角形齿 | 外圆展开齿形 | 整个齿形向轴线上一点收缩 |

(续)

| 序号 | 齿形类型 | 基本齿形 | 特　点 |
|---|---|---|---|
| 3 | 锯齿形齿 | 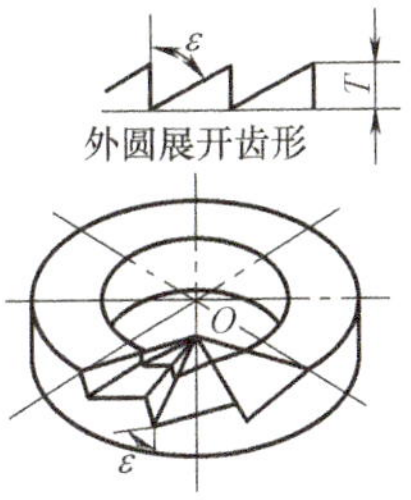 外圆展开齿形 | 齿形向中心点逐渐收缩，齿形角有 60°、70°、75°、80°、85°等几种 |
| 4 | 梯形收缩齿 | 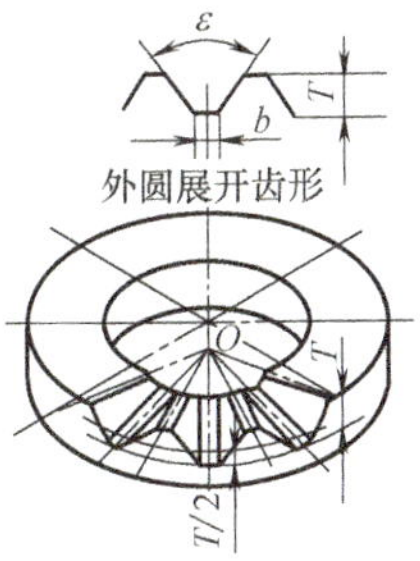 外圆展开齿形 | 齿顶和齿底在齿长方向上是等宽的，齿或槽的中心线通过离合器的主轴，齿的深度在齿的长度方向上不等，铣削时分度头主轴应倾斜一个角度 |
| 5 | 梯形等高齿 | 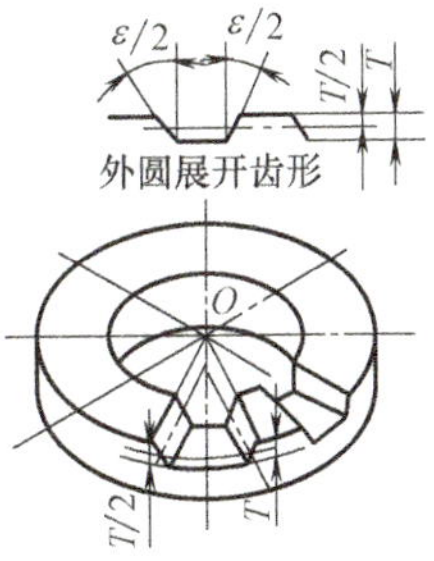 外圆展开齿形 | 齿深在齿长方向上是等高的，齿顶宽度在齿长方向上不相等，齿的中心线通过离合器的轴线，铣削时分度头主轴呈水平或垂直状态，以便铣出相等的齿高 |

## 二、牙嵌离合器的主要技术要求

牙嵌离合器一般都是成对使用的。为了保证准确啮合，两个相互配合的离合器必须同轴，齿形必须吻合，齿形角必须一致，这样才能获得一定的运动传递精度，可靠地传递转矩。牙嵌离合器的主要技术要求如下。

1）齿形准确。包括齿形角、齿槽深和槽底的倾角等。
2）同轴精度高。齿形的轴线（汇交轴）应与离合器装配基准孔轴线重合（偏移要小）。
3）等分精度高。包括对应齿侧的等分性和齿形所占圆心角的一致性。
4）表面粗糙度值小。牙嵌离合器的齿侧面是工作表面，其表面粗糙度 $Ra$ 值为 $3.2\mu m$。
5）齿部强度高，齿面耐磨性好。

在铣床上铣削牙嵌离合器，通常工件被装夹在分度头的自定心卡盘内，工件轴线要与分度头主轴轴线重合。铣削等高齿离合器时，分度头主轴轴线与工作台台面垂直；铣削收缩齿离合器时，由于收缩齿的槽底与工件轴线不垂直，夹角为 $\alpha$，所以分度头主轴轴线与工作台台面应保持一个夹角 $\alpha$（称为起度角，即分度头主轴倾斜角），如图 6-21 所示。

铣削牙嵌离合器时，主要根据齿槽形状选择铣刀；铣削矩形齿离合器时，选用三面刃铣刀或立铣刀；铣削三角形齿离合器时，选用对称双角铣刀；铣削锯齿形齿离合器时，选用单角铣刀；铣削梯形收缩齿离合器时，选用梯形槽成形铣刀；铣削梯形等高齿离合器时，则选用专用铣刀（常用三面刃铣刀按要求改制）。

## 任务实施

### 一、矩形齿离合器的铣削

矩形齿离合器的齿顶面和槽底面相互平行且均垂直于工件轴线，沿圆周展开齿形为矩形，按齿数不同分为奇数齿和偶数齿两种。

**1. 奇数齿矩形齿离合器的铣削**

奇数齿矩形齿离合器的铣削见表 6-18。

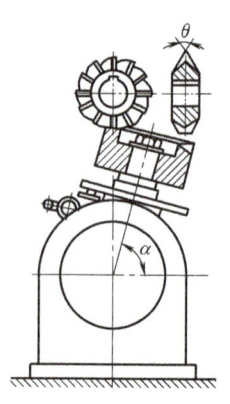

图 6-21　铣削收缩齿离合器时分度头主轴倾斜 α 角

表 6-18　奇数齿矩形齿离合器的铣削

| 操作步骤 | 说　　明 |
|---|---|
| 选择铣刀 | 用三面刃铣刀或立铣刀加工时，为了不致在铣削中切到相邻的齿，三面刃铣刀的宽度 B（或立铣刀的直径）应等于或小于齿槽的最小宽度 b，即<br>$$B \leq b = \frac{d_1}{2}\sin\beta = \frac{d_1}{2}\sin\frac{180°}{z}$$<br><br>三面刃铣刀宽度的选择<br>a）铣刀过宽铣伤小端齿　b）计算铣刀宽度 |
| 工件的装夹和找正 | 工件装夹在分度头的自定心卡盘上，并找正工件的径向圆跳动和轴向圆跳动至符合要求。如果用心轴装夹工件，应将心轴找正后，再将工件装夹在心轴上进行加工 |
| 对刀 | 铣削时，三面刃铣刀的侧面切削刃或立铣刀的圆周切削刃应通过工件中心。一般情况下，装夹、找正工件后，在工件上划出中心线，然后再按照划线对好中心<br>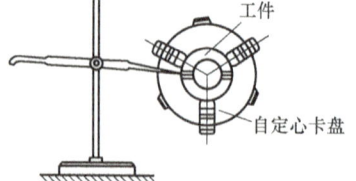 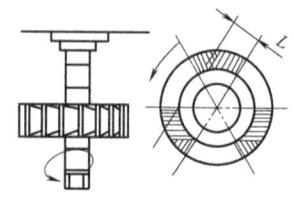<br>根据画线对中 |
| 铣削方法 | 用三面刃铣刀铣削奇数齿矩形齿牙嵌离合器时，应使三面刃铣刀的端面切削刃或立铣刀的圆周切削刃通过工件中心。一般情况下，装夹、找正工件后，在工件上划出中心线，然后再按对好的中心铣削工件，使铣刀切削刃按齿高调整背吃刀量，将不使用的进给及分度头主轴紧固，使铣刀穿过工件整个端面，铣出第一刀，形成两个齿的一个端面，退刀后松开分度头主轴紧固手柄，分度后铣第二刀。以同样的方法铣完各齿，走刀次数等于奇数齿离合器的齿数 |

(续)

| 操作步骤 | 说 明 |
|---|---|
| 铣齿侧间隙 | 为了使离合器工作时能顺利地嵌合和脱开，矩形齿牙嵌离合器的齿侧应有一定的间隙<br><br>铣齿侧间隙<br>a）偏移中心法　b）偏转角度法 |

## 2. 偶数齿矩形齿离合器的铣削

偶数齿矩形齿离合器的铣削见表6-19。

表6-19　偶数齿矩形齿离合器的铣削

| 操作步骤 | 说 明 |
|---|---|
| 选择铣刀 | 三面刃铣刀的宽度$B$（或立铣刀的直径）按前式计算，三面刃铣刀的直径$D$按下式计算<br>$$D \leq \frac{T^2 + d_1^2 - 4B^2}{T}$$<br>三面刃铣刀的计算 |
| 铣削方法 | 工件的装夹、找正、划线、对中心的方法与铣削奇数齿离合器相同。铣偶数齿离合器时，铣刀不能通过整个工件端面，每次铣出一个齿的一个侧面，因此要注意不要铣伤对面的齿。铣削时，首先使铣刀的端面Ⅰ对准工件中心，分度铣出齿侧1、2、3、4，然后将工件转过一个齿槽角$\beta$，再将工作台移动一个刀宽的距离，使铣刀端面Ⅱ对准工件中心，再依次铣出每个齿的另一个侧面5、6、7、8<br><br>偶数齿矩形齿离合器的铣削顺序 |
| 铣齿侧间隙 | 铣齿侧间隙就是将离合器的齿多铣去一些，使槽形大于齿形，便于两个离合器正常啮合。铣削方法有以下两种<br>1）偏移中心法。铣刀侧面对好工件中心后，使刀具的端面切削刃（或立铣刀圆周切削刃）超过工件中心$0.2 \sim 0.3$mm，使齿的大端至小端铣去一样多，齿侧就产生间隙，这样齿不通过工件中心，离合器接合时齿侧面只有外圆处接触，影响承载能力，因此偏移中心法只用于精度要求不高或齿部不淬硬的离合器的加工<br>2）偏转角度法。铣刀对准工件中心，将全部齿槽铣完后，使工件转过一个角度，一般为$1° \sim 2°$（或按图样要求转过一定角度），再铣一次，将所有齿的左侧和右侧切去一部分。这样使齿的大端多铣去一些，使齿侧产生间隙，但齿侧仍通过工件中心。这种方法适用于精度要求较高的离合器的加工 |

## 二、直齿离合器的检验方法

1)齿的等分性。可用游标卡尺测量每个齿的大端直径。

2)齿的深度。可用游标卡尺或游标深度尺测量。

3)齿侧间隙和啮合情况。将互相啮合的离合器装在心轴上,使其相互啮合,用塞尺检测齿侧间隙,判断是否合格。

4)表面粗糙度。用目测法或标准样块对比检测。

## 三、牙嵌离合器铣削质量分析

牙嵌离合器的铣削,实质上是对位置精度要求较高的特形沟槽的铣削。在铣削过程中如果调整不当,铣出的离合器齿形将不能相互嵌合,或接触齿数不够,贴合面积太小等。牙嵌离合器铣削中常见的质量问题及其产生原因与预防措施见表6-20。

表6-20 牙嵌离合器铣削中常见的质量问题及其产生原因与预防措施

| 序号 | 质量问题 | 产生原因 | 预防措施 |
|---|---|---|---|
| 1 | 矩形齿、梯形等高齿槽底面未铣平,有较明显的凸台 | 1)分度头主轴与工作台台面不垂直<br>2)三面刃铣刀的端面切削刃或立铣刀的圆周切削刃缺陷<br>3)升降工作台走动,铣刀杆松动<br>4)立铣头主轴轴线与工作台台面不垂直 | 1)精确调整分度头主轴位置<br>2)刃磨或更换刀具<br>3)固紧工作台和铣刀杆<br>4)精确调整立铣头主轴位置 |
| 2 | 齿侧工作面表面粗糙度值大 | 1)铣刀不锋利,刀具圆跳动误差太大<br>2)传动系统间隙过大<br>3)工件装夹不稳固<br>4)进给量太大<br>5)切削液浇注不充分 | 1)更换铣刀<br>2)调整传动系统,使间隙合理<br>3)重新装夹<br>4)合理选择进给量<br>5)进行充分润滑与冷却 |
| 3 | 各齿在外圆处的弦长不等 | 1)工件装夹时不同轴<br>2)分度不均匀<br>3)分度装置精度太低 | 1)精确找正工件装夹位置,使基准孔轴线与分度头主轴同轴<br>2)准确分度<br>3)更换分度装置 |
| 4 | 一对离合器嵌合时,接触齿数太少或无法嵌合 | 1)分度错误<br>2)工件装夹不同轴<br>3)对刀不准<br>4)齿槽(中心)角铣得较小 | 1)准确分度<br>2)准确找正、装夹工件<br>3)准确对刀<br>4)增大齿槽(中心)角,保证嵌合间隙 |
| 5 | 一对离合器嵌合时,贴合面积太小 | 1)工件装夹不同轴<br>2)对刀不准<br>3)铣直齿面齿形时,分度头主轴与工作台台面不垂直或不平行<br>4)铣斜齿面齿形时,刀具廓形角不符,或分度头仰角计算、调整错误 | 1)准确找正、装夹工件<br>2)准确对刀<br>3)精确调整分度头主轴位置<br>4)更换刀具,正确计算和调整分度头仰角 |
| 6 | 一对尖齿形齿或锯齿形齿离合器嵌合时齿侧不贴合 | 1)铣得太深,齿顶过尖,齿顶抵在槽底使齿侧不能贴合<br>2)分度头仰角计算或调整错误 | 1)准确调整背吃刀量<br>2)正确计算和调整 |

## 四、加工过程

加工图6-20所示工件。

**1. 准备工作**

1) 毛坯件：材料为 45 钢，毛坯尺寸符合图样要求。

2) 设备：X6132 型卧式万能升降台铣床。

3) 工具、量具：分度头、立铣刀、垫铁、铜锤、划针盘、钢直尺、游标卡尺、千分尺、百分表、磁力表座等。

**2. 离合器铣削步骤**（之前加工步骤省略）

1) 铣刀的选择：选定三面刃铣刀并计算铣刀刀宽和直径。

刀宽　　　　　$B \leqslant b = \dfrac{d_1}{2}\sin\beta\dfrac{180°}{z} = \dfrac{30\text{mm}}{2}\sin\dfrac{180°}{5} = 8.817\text{mm}$

直径　　　　　$D = \dfrac{{d_1}^2 + T^2 - 4B^2}{2} = \dfrac{30^2 + 5^2 - 4 \times 8^2}{2}\text{mm} = 133.8\text{mm}$

2) 工件的装夹与找正。

3) 按表 6-21 所列操作步骤进行加工。

表 6-21　操作步骤

| 序号 | 操作步骤 | 加工示意图 | 操作方法及加工内容 |
|---|---|---|---|
| 1 | 擦边对刀 | | 1) 齿向对刀。使刀具侧刃移动并接触到工件外圆柱面。为避免擦伤工件，可在外圆柱面上贴上湿纸，以擦破湿纸为好，并做好标记，然后退刀，将该切削刃向工件轴心移动 25mm（工件半径 d/2）<br>2) 齿深对刀。使周向切削刃在最低位置触碰到工件端面并做好标记 |
| 2 | 试切、测量内侧位置 | | 对工件试切 1~2mm，退刀，检测加工的齿侧面对工件轴心的偏差，然后找正位置（注意消除丝杠间隙） |
| 3 | 铣削齿的一侧 | 略 | 每加工完一面，分度头手柄转过的转数 $n = 40/z = 40/5 = 8$，加工完 5 个齿后后退 |
| 4 | 铣削齿的另一侧 | | 分度头转过偏角 Δα（注意消除间隙），在另一边铣矩形齿的另一侧面（注意方向，否则结果不同），然后依次铣削各齿的另一侧面 |

（续）

| 序号 | 操作步骤 | 加工示意图 | 操作方法及加工内容 |
|---|---|---|---|
| 5 | 质量检验 | | 检验工件是否达到图样要求 |

**3. 检验**

加工完毕后卸下工件，仔细测量各部分尺寸。

**4. 清理**

将工件送交检验后，清点工具，清扫工作场地。

## 任务评价

根据表 6-22 的要求检测工件，并将检测结果填入表中。

表 6-22　工件检测评价表

| 序号 | 检测项目 | 考核内容 | 配分 | 评分标准 | 检测结果 | 得分 |
|---|---|---|---|---|---|---|
| 1 | 外形尺寸 | 45mm | 2 | 超差不得分 | | |
| | | $5^{+0.03}_{0}$ mm | 4 | 超差不得分 | | |
| | | $\phi$50mm | 2 | 超差不得分 | | |
| | | $\phi$30mm | 2 | 超差不得分 | | |
| | | $\phi25^{+0.033}_{0}$ mm | 4 | 超差不得分 | | |
| | | 28mm | 2 | 超差不得分 | | |
| | | $38°^{+1°}_{0°}$ | 5 | 超差不得分 | | |
| | | 72°±3° | 2 | 超差不得分 | | |
| 2 | 几何公差 | ⌘ 0.03 A | 10 | 超差不得分 | | |
| | | ◎ $\phi$0.03 A | 10 | 超差不得分 | | |
| | | ∥ 0.04 B | 10 | 超差不得分 | | |
| 3 | 表面结构 | Ra1.6（3处） | 7 | 超差不得分 | | |
| | | Ra3.2 | 5 | 超差不得分 | | |
| 4 | 工具设备的使用与维护 | 正确、规范使用工具、量具、刃具，合理保养及维护工具、量具、刃具 | 5 | 不符合要求酌情扣1~5分 | | |
| | | 正确、规范使用设备，合理保养及维护设备 | 5 | 不符合要求酌情扣1~5分 | | |
| 5 | 安全生产及其他 | 操作姿势、动作正确 | 5 | 不符合要求酌情扣1~5分 | | |
| | | 安全文明生产，遵守国家有关法规或企业的有关规定 | 5 | 不符合要求酌情扣1~5分 | | |
| | | 操作、工艺规程正确 | 5 | 不符合要求酌情扣1~5分 | | |
| 6 | 完成任务时间 | 90min | 10 | 每超过10min扣5分，超过20min为不合格 | | |
| 总分 | 100 | 最后得分： | | 指导教师签字： | | |

## 课后练习

练习加工图 6-22 所示工件。

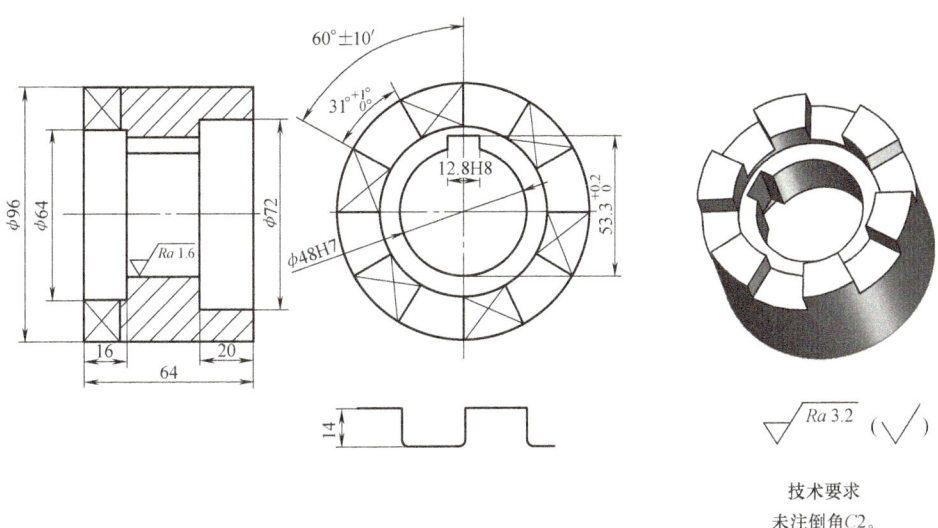

图 6-22 课后练习图

## 参 考 文 献

[1] 王增强. 普通机械加工技能实训［M］. 北京：机械工业出版社，2007.
[2] 周学. 铣工（高级工）［M］. 北京：化学工业出版社，2005.
[3] 陈海魁. 铣工工艺学［M］. 3版. 北京：中国劳动社会保障出版社，2005.
[4] 教育部职业教育与成人教育司. 铣削加工技术与实训［M］. 北京：高等教育出版社，2012.